I0494024

iBeacon ハンドブック

上原 昭宏

2014 年 3 月 15 日

はじめに

2013 年 9 月の iOS7 の発表では、大幅に刷新された画面デザインそして高性能な iPhone5s に注目が集まりました。その発表の場では取り上げられなかった iBeacon[1]が今、オンラインとオフラインを結びつけるキー・テクノロジーとして関心を集めています。

iBeacon は超低消費電力無線通信技術 Bluetooth Low Energy を使った位置と近接の検出技術です。2.4GHz 帯の電波で識別情報をブロードキャストするビーコンとそれを受信する iOS デバイスを組み合わせる、電波が届く領域を検出するだけのシンプルな技術です。

iOS6 までの位置情報は地球上での座標値でしたが、iBeacon はビーコンの設置やその利用方法が自由に設定できます。そのため決済や来店ポイント発行そしてオフラインでの購買活動を変化させる手段として特に注目を集めています。

iBeacon のサービス活用ではビーコンという外部装置の設置と運営が鍵であり、従来のように iOS デバイスのアプリケーションとウェブサービスというソフトウェア開発では完結しません。

ビーコンがどんな電波を出すのか、iOS の振る舞いなどの専門領域をまたぐ知識が必要です。本書はチームで iBeacon に取り組む方々のために原理や基礎知識の解説そして実用的なアプリケーションの開発情報を述べます。

2014 年 3 月 15 日 上原 昭宏

章の構成

この本は 4 章で構成されます。それぞれの章は独立して読めます。

1 章はビーコンの基礎知識やよくある誤解について述べています。iBeacon を用

---

[1]iBeacon は Apple 社の商標です。 Apple Trademark List: https://www.apple.com/legal/intellectual-property/trademark/appletmlist.html.

いるサービス開発には、様々な背景知識と経験をもつメンバーがチームとなり取り組みます。チームとして共有しておきたい基礎情報をここにまとめています。

2 章は電波伝搬や通信プロトコルについて述べています。3 章は iOS アプリケーション開発について述べています。この 2 つの章はビーコンやアプリケーションを担当するエンジニア向けの技術詳細を書いています。

4 章はビーコンの今後の活用場面を考える上でヒントになるだろう雑多な情報をまとめました。

サンプルコードのダウンロード

本書のサンプルソースコードは Github https://github.com/reinforce-lab/wafuBeacon にあります。ライセンスは Apache License Version 2.0 です。

本書の問い合わせ先

本書についての問い合わせ先は、ツイッター@u_akihiro もしくは電子メール u-akihiro@reinforce-lab.com です。

問い合わせいただいた内容の一部または全てを本書への追記または筆者が運営するブログで利用するかもしれません。掲載する文章は質問者が特定できる情報が入らぬように配慮をしますが、情報共有のために利用することをご了承ください。

また本書の内容を超える問い合わせ、例えばすれ違い通信を実装したいのでやり方を教えてくれ、には回答しません。了承ください。

謝辞

本書の iBeacon についての知見は (有) トリガーデバイス佐藤忠彦 氏との iBeacon の調査および開発から得られました。また表紙カバーは (有) トリガーデバイスの池本貴子氏に描いていただきました。

(有) トリガーデバイスは、2013 年 9 月の早い時期から iBeacon に取り組まれていて、その取り組みに筆者も参加させて頂いていたことで本書は生まれました。また佐藤忠彦 氏 と 情報科学芸術大学院大学 [IAMAS] 小林 茂 准教授が中心となり岐阜県大垣市で開催された、第 1 回から第 3 回の iBeacon ハッカソンでのアイディアまた知見も盛り込んでいます。両氏にそしてハッカソンに参加された方々に感謝します。

免責と商標について

- 本書に登場する会社名、製品名、サービス名は、各社の登録商標または商標です。
- 本文中では、 ®、™、および © マークは明記していません。
- 本書の内容に基づき実施または運用したことで発生したいかなる損害も著者は一切の責任を負いません。
- 本書の内容は 2014 年 3 月 15 日時点のものです。本書で紹介した製品およびサービスの名称や内容は執筆時点から変更される可能性があります。

目 次

第 1 章

iBeacon の概要

この章は iBeacon の原理や活用場面そしてよくある誤解を解きつつ、iBeacon の活用方法を解説します。

iBeacon は Apple 社の登録商標[1]で、iOS7 で導入された位置情報サービスを拡張する新しい位置と近接の検出技術 (location and proximity detection technology) を示します[2]。

1.1　iBeacon の仕組み

iBeacon は電波を出すビーコンと iOS デバイスを組み合わせた位置と近接の検出技術です (図 1.1)。ビーコンの電波が届く範囲を、ここではビーコン領域と呼びます。ビーコンは識別情報を電波にのせて送信し続ける装置で、その識別情報はビーコンの設置者が自由に設定できます。ビーコン領域の大きさは送信電波強度で調整でき、最大見通し距離は 50 メートル程度です。

iBeacon の位置検出は、電波が受信できるかできないかを検出するだけの単純なものです。ビーコン領域に入った iOS デバイスは識別情報を検出します。その識別情報を監視しているアプリケーションが iOS デバイスにあれば、ビーコン領域に入ったことがアプリケーションに通知されます。また iOS デバイスがビーコン領域から出て識別情報を受信できなくなると、ビーコン領域から出たことが通知されます。

iBeacon の近接検出は、電波の受信信号強度を利用しておおまかな距離区分を推定するものです。ビーコンからの受信信号強度は距離が離れるほど弱くなり、理想的な条件では距離の 2 乗に反比例します。例えば 1m 離れた地点での信号強度

---

[1]Apple Trademark List, https://www.apple.com/legal/intellectual-property/trademark/appletmlist.html

[2]Understanding iBeacon, http://support.apple.com/kb/HT6048

が 1 のビーコンからの受信信号強度が 0.25 ならば、ビーコンとの距離は 2m だ
ろうと推測できます。

実際の受信信号強度は距離以外の要素でも大きく変化するため、推定した距離の
数値自体は確かな値ではありませんが、近いか遠いかの区分には使えます。 iOS
はビーコンとの近接度を、とても近い (20 センチメートル程度)、近い (1〜2m 程
度)、遠い (それ以上の距離) の 3 つに区分します。

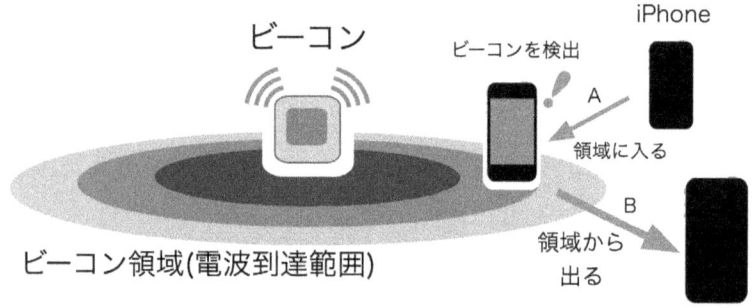

図 1.1 ビーコンと iPhone

ビーコンが発信する識別情報は、UUID とメジャー (major) およびマイナー
(minor) 番号と呼ぶ 16 ビットの整数で構成されます。 UUID(Universally Unique
IDentifier) とは、サーバがなくてもローカルで生成できる、ユニークさが保証で
きる 128 ビットの値です[3]。 OS X ではコマンドラインツール uuidgen で UUID
を生成できます。

iOS アプリケーションは検出したいビーコンの UUID を指定しなければなりませ
ん。 UUID の値を知らないビーコンは検出できませんし、周囲にある任意のビー
コンを検出するスニッフィングの機能は iOS にはありません。ですから、ビーコ
ン設置者と iOS アプリケーション開発者は UUID の値を共有しなくてはなりま
せん。

16 ビットの 2 つの整数の使い方は自由です。例えば全国の店舗の売り場の検出
に使うなら、メジャー番号に店舗番号をマイナー番号に売り場を表す番号を割り
当てます。

1.2   iBeacon の特徴

iBeacon は、iOS7 に統合された技術で、実用的な電池消費量でバックグラウンドで
のビーコン領域検出ができます。 iOS の年間 1 億台を超える販売台数と AppStore

---

[3]RFC4122, https://www.ietf.org/rfc/rfc4122.txt

でのアプリケーション配布は、一般にサービスを提供する強力なプラットフォームです。iOS のパス管理アプリケーション Passbook も iBeacon に対応しており、独自アプリケーション開発以外でも iBeacon が活用できます。

iBeacon には、ユーザが iPhone のロック画面を表示した瞬間にだけビーコン領域を検出するユニークなバックグラウンド・モードがあります。このバックグラウンド・モードは、その場でユーザが使いたいだろうパスや機能を、ユーザがロック画面を表示するタイミングにあわせて、通知画面表示や自然な自動処理のタイミングを提供します。またビーコン領域検出を実行するのはロック画面が表示されるほんの数秒間だけなので電力を消費しません。iOS の Passbook もこのバックグラウンド・モードを利用していると思われます。

例えば、支払いレジの前にいるユーザが iPhone をポケットから取り出してロック画面を表示すると、ユーザがインストールしている支払アプリケーションが、レジ前に設置されたビーコン領域に反応して支払処理をおこない、ロック画面に支払完了のメッセージを表示することができます。

iBeacon のビーコンは、安価、小型、電池で年単位連続稼働します。店内のあちこちに設置するためには多数のビーコンが必要になりますが、ビーコンの電子部品単価は 500 円程度で費用がおさえられます。小さくて電池で年単位の連続稼働をするので、商品棚に貼り付けたり、レジの前にちょこんと置いたりと様々な場所に簡単に設置できます。

電波を出すビーコンの設置には、既存の無線通信に影響しないかまたビーコン同士で干渉しないかが問題になります。iBeacon が利用している超低消費電力無線通信技術 Bluetooth Low Energy は、既存の WiFi や Bluetooth に干渉しないよう工夫されています。ですから、すでに WiFi が敷設された店舗でも気にせずビーコンを設置できます。またビーコン同士が干渉しないようも工夫されています。ですから、他の人がビーコンをすでに設置している場所でも、識別信号が互いにユニークであれば、自分のビーコンを設置できます。実際に 1 箇所に 30 個のビーコンを置いても個々のビーコンが検出できます。

1.3 地理的領域とビーコン領域

地理的領域とは地球上のある地点を中心としたある半径内の領域を、ビーコン領域はビーコンの電波が届く領域をいいます。地理的領域は GPS などで取得した地球上の絶対座標値で決まりますが、ビーコン領域はビーコンとの相対位置だけで決まる領域です。

ビーコン領域は、美術館の屋内展示や店舗の商品案内表示あるいはポスターに連

動するコンテンツの表示のように、ものと連動する場面に利用できます。一般に
貸し出す iOS デバイスには、月額回線料金がいらない iPod touch や iPad がよく
使われます。これらの iOS デバイスには GPS が搭載されていません。 Bluetooth
Low Energy を使う iBeacon は、iPod touch や iPad でも利用できます。またビー
コンのアンテナや設置を工夫して電波の届く領域を調整することで、領域をピン
ポイントに絞り込むことも可能です。

地理的領域は GPS の衛星からの電波が届かない屋内では利用できませんが、ビー
コン領域は適切にビーコンを設置することで屋内で利用できます。また地理的領
域では、アプリケーションは現在の位置と展示物の位置データを照らしあわせて
コンテンツを表示します。そのため、展示配置を変更するとアプリケーションの
位置データも更新せねばなりません。いっぽうビーコン領域は、例えば展示台に
ビーコンを設置していればビーコン領域と展示物の位置は同じですから、そのよ
うな更新は必要ありません。

iBeacon は正確な屋内測位には適しません。ビーコンとの相対距離はおおまかな
もので、ビーコンとの距離が 1m なのか 10m なのかを判別できる程度のもので
す。例えば、会議室の前半分か後半分にいたかは判定できますが、どの机のどの
席にいるかといった正確な位置は取れません。会議室に複数のビーコンを設置し
て、それらの相対距離からより正確な値を推測する工夫の余地はあります。

1.4   iBeacon の誤解

iBeacon に多い誤解は、ビーコンとの距離をメートル単位の精度で取得できる、
またビーコンがある方向がわかるというものです。 iBeacon は位置と近接の検出
技術であり、距離および方向検出技術ではありません。ビーコンの電波が届く範
囲にいるという位置と、ビーコンまで近いか遠いかを判別する近接の検出技術で
す。また iOS デバイスのハードウェアは電波が来る方向を検出する機能はありま
せんから、ビーコンがある方向を検出する技術でもありません。

iOS は電波の受信信号強度からビーコンとの距離を推定します。この受信信号強
度は周囲の環境に大きく影響をうけます。ビーコンが使う 2.4GHz 帯の電波は人
体によく吸収されますから、ユーザがビーコンの方を向いているか反対側を向い
ているかでも、受信信号強度が変化します。また直接到達した電波と反射した電
波とが干渉 (フェーディング) して、距離に対する電波強度が波打つこともあり
ます (図 1.2)。

iOS は近接状態を、Immediate(すぐ近く、20cm 程度), Near(近い、1~2m 程度),
Far(遠い、それ以外) の 3 つに分類します。メートル単位の推定距離値も取得で

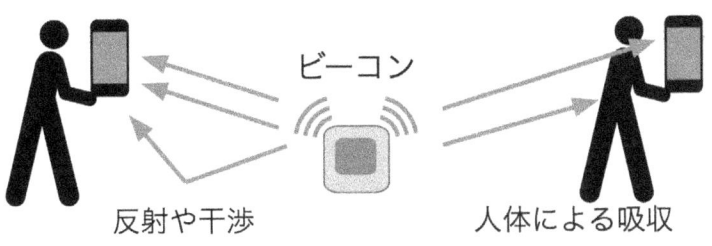

図 1.2 ビーコンの電波伝搬

きるためメートル単位の精度があるように誤解しがちですが、これは周囲環境を考慮しない理論式から推定した値で目安値でしかありません。

決済に使われる近接無線通信技術 NFC(Near Field Communication) と iBeacon の技術とが比較されることがあります。 iBeacon は位置と近接の検出技術で、iBeacon 自体にはビーコンと iOS デバイスの間で情報をやりとりする機能はありません。ビーコンに Bluetooth Low Energy でアプリケーションと通信する独自機能を実装することで、iBeacon も利用した決済や支払サービスも今後登場してくるでしょう。

1.5　iBeacon の利用方法

電波を使う屋内位置検出技術は iBeacon が登場する以前からある技術です。iBeacon でよく考えられる利用は、美術館で目の前にある展示物の案内表示や、ショッピングストアで目の前にある商品の説明やクーポン発行など、目の前にあるものとの小さな範囲でイベントを起こす場面です。

iBeacon は、広く普及した iPhone のアプリケーションで利用できるため、特に O2O(オーツーオー) での利用に注目が集まります。 O2O は、明確な定義はありませんが、オフラインとオンラインの体験がつながり、オンラインでの活動が実店舗での購買などオフラインの行動に影響するという意味合いの用語です。

図 1.3 は iBeacon の利用場面の 1 例です。まず、お店の近くにいるユーザに割引クーポンが配布されます。ユーザがお店に入り商品の前に立つとユーザに合わせた詳細説明が表示されます。最後にレジの前に移動したり、あるいは商品を持って店舗から出ると、支払い処理が行われます。

これを店舗の経営者の視点で見ると、店舗内の顧客数や移動経路のリアルタイ

(a) バックグラウンド検出   (b) 商品説明表示

図 1.3 ビーコンの利用例

ムな把握、また購入頻度や利用金額が大きい特別な顧客の来店検出などに使えます。

このようなシナリオの実現には、開発と運用そしてユーザの同意が得られる利用規約などが必要です。

開発では、アプリケーションだけではなくビーコンも扱える開発チームが大切です。例えば、レジの前にユーザが立ったときに iOS アプリケーションが反応する体験を、アプリケーションだけで作るのは困難です。サービスの文脈に沿うビーコン領域をビーコン側で作り出す必要がでてきます。

運用では、O2O に iBeacon を利用するには、ユーザが iPhone に Passbook のパスまたはアプリケーションをインストールしていなければなりません。この最初のアプリケーションのインストールと設定を促すきっかけづくりと、ユーザ同士の口コミなどの感染力の高い広がる仕組みづくりが必要です。

iBeacon に限った話ではありませんが、個人情報の扱いは注意が必要です。個人の情報を扱うのか、個人を特定できない統計量にした情報を扱うのか、またそれらの情報をどこに送信してどう保存するのかを決めなくてはなりません。利用規約などの法規や企画立案で注意深く設計して、それをアプリケーション開発に反映させます。

1.6 iBeacon のユニークな活用例

iBeacon の特徴は、常時ビーコンをモニタできる iPhone という受信装置がすでに普及していること、ビーコンが安価でコインサイズのものでも年単位の連続動作が可能、などです。従来の屋内位置検出技術で考えつくされた利用場面にはない、iBeacon の特徴を活かした異なる利用方法もあるでしょう。

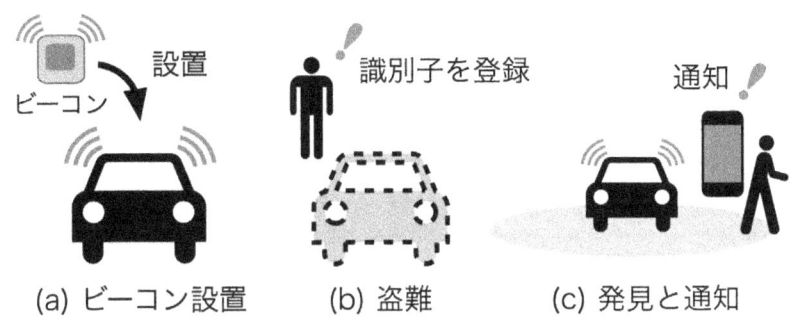

図 1.4　車の盗難とその検出

例えば盗難物の検出 図 1.4 があります[4]。まず自分の自動車にビーコンを設置しておきます。もしも車両が盗まれたら、設置したビーコンの識別情報をネットワークを通じて共有します。みんなの iPhone が盗難車両のビーコンをバックグラウンドで監視していて、ビーコンを検出したら場所をサーバーに通知します。このアイディアは、ビーコンが移動体に設置されていること、そしてみんなの iPhone が検出装置群になるのが特徴的です。

自動車であれば、位置を通知する装置を取り付けて月額料金を支払う盗難車両検出のサービスもあります。このアイディアは、各ユーザの iPhone がビーコンを検出して通知するので、ビーコン自体がネットワークに接続しません。ですから、自転車や傘のアクセサリにできるほど、ビーコンを安価かつ小型で使い捨てに設計できます。

iBeacon の特徴が逆に問題を生じさせる場合もあります。このアイディアでは、ビーコンは識別信号をブロードキャストしていますから、識別信号をモニタして個人の移動情報をストーキングされる恐れがあります。技術だけではなく運用や規約も含めた広い視点からの解決方法が肝心ですが、この場合であれば識別信号を一定時間ごとに変更する仕組み等の技術で解決できます。

1.7　iBeacon の導入

iBeacon を導入するまでの手順をみてみます。まずサービスの Passbook パスまたは iOS アプリケーションをユーザにインストールしてもらうことが必要です。すでにユーザがインストールしている iOS アプリケーションに iBeacon を追加するのであれば、アプリケーションを更新するだけです。もしも iBeacon を利用

---

[4]このアイディアは 12 月 17 日に開催された大垣 iBeacon ハッカソンで出されたものです。

するために利用規約を変更するならば、その利用規約の表示とユーザの承認取得も必要です。

次に Bluetooth の電源を ON にして iOS アプリケーションの位置情報サービスを有効にしてもらいます。 Bluetooth Low Energy 技術を利用する iBeacon は、 Bluetooth の電源がオンでなければ使えません。電池の節約や意図せず Bluetooth スピーカーに接続すること防ぐために、ヘッドセットなどを使うときだけ Bluetooth をオンにするユーザはかなりいます。また iOS7 で導入されたコントロール・センターの真ん中に Bluetooth の On/Off アイコンがあるので、ユーザは気軽に Bluetooth の電源をオンオフします。 iOS アプリケーションでメッセージを表示したり店舗での説明を通して、ユーザに使い方を説明します。

そしてプライバシーへの姿勢と iOS アプリケーションの信頼感を得ることが重要です。 iBeacon を使えば、これまでできなかったショッピングモールでのユーザの移動経路や店舗滞在時間のロギングができます。ですがプライバシーが侵害されるおそれがあると、特に保存されたデータは匿名化が十分かまた誰がデータを閲覧できるかなどが明確ではないと、ユーザの激しい反対を招き iOS アプリケーションが信頼を失うおそれがあります。技術的に可能であっても実施するかどうかは別ですし、実施するとしても運用に相応の工夫が必要です。

1.8   いたずらやチート行為とその対策

ビーコンへのいたずら行為には、盗難や設定変更があります。机に置いただけのビーコンでは簡単に持ち去られるかもしれません。また管理者パスワードが初期値のままなど運用に穴があると、識別子を外部から書き換えられるかもしれません。いずれの場合も、ビーコンを再設置すればサービスは再開できますし、ビーコンは安価ですから損害は小さいです。

悪意とスキルがある者のいたずらおよびチート行為は、事前の対策が必要です。ビーコンの識別信号を抜き取り同じ識別信号を出すビーコンをコピーすることは簡単で、これ自体を防ぐ手段はありません。ビーコンがブロードキャストしている識別信号は、iOS アプリケーションで抜き取ることはできませんが、5000 円程度の開発用機材や Android 端末を使えば簡単に取得できます。そして、その抜き出した識別信号を市販のビーコンや iOS のビーコン・アプリケーションに設定すればビーコンをコピーできます。

チート行為への姿勢はサービスにより異なります。例えば、一般向けの割引クーポン配布であれば、クーポンがコピーされてもクーポンが広まるだけですから対処の必要はないかもしれません。しかし、数量限定商品の購入整理券であれば対

処が必要です。

一般に想定すべきは:

- サービス提供者または利用者の金銭や物品を損なう
- チート行為によるユーザの悪印象
- サービス提供を停止させられる

などです。

ユーザの悪印象としては、例えばショッピング・モールに敷設したビーコンの識別子を勝手に利用して、ユーザに知られずにユーザの行動をネットワークで記録監視するアプリケーションを第3者が開発して、それが一般に知られて問題になる、が考えられます。

この例では、ユーザの位置情報を無許可に取得するのはプライバシーの侵害で、そのようなアプリケーションを開発した者に責任があります。ビーコンの設置者は勝手に設備を利用された被害者です。ですがビーコン設置者への問い合わせあるいは勘違いによる非難などの、とばっちりがあるかもしれません。

サービス提供の妨害あるいは停止は、例えば、コピーしたビーコンをサービス提供しない場所に設置されるなどが考えられます。 UUID は重複することがない乱数ですから、これは悪意がなければ生じ得ない事態です。それだけに対処には慎重さが必要になるでしょう。

チート行為には技術と運用の両面で対処します。すべての解決を技術手段に求めると開発が破綻するだけです。例えば、クレジットカードというシステムを考えてみます。全てのセキュリティ情報が印字されているプラスチックカードを支払のために不特定多数の店員に手渡していても、それでも決済手段として世界中で運用されています。

1.9 iBeacon のこれから

iBeacon はユーザのアプリケーションに外界からトリガーを送る仕組みです。ビーコンを屋内の決まった位置に配置すれば屋内位置検出として使えます。あるいは特別なクーポン券に対応するビーコンの電源を空席の有無にあわせてオンオフしてお客の入店行動に影響を与えられます。これまでに言われてきた屋内位置検出技術の利用場面に限らない、柔軟でユニークな利用場面が作れます。

例えば、iAD などスマートフォン向け広告が iBeacon に対応したとします。ビーコンに反応して、ユーザが今使っている無料アプリケーションの画面下部に目の

前にあるお店のクーポンが表示されます。この体験は店舗への顧客の呼び込む
直接効果に加えて、自分が今いる場所でのみ手に入るお得な情報を見過ごすまい
と、ユーザが広告に目をやる強力な動機と習慣づけになります。

iBeacon のバックグラウンド・モードは強力です。常時監視またロック画面表示
時のビーコン領域検出を使うと、Passbook の iBeacon 連携のように、ユーザが
iOS デバイスをポケットから取り出しロック画面を表示するだけで、その場で使
えるパスやアプリケーションがロック画面に表示されます。ユーザ自身がロック
を解除してアプリケーションを選択してからチケットを表示するという複雑な操
作それ自体が不要にできます。

その場にいれば当然ユーザが実行したいことが自動で処理される、あるいはロッ
ク画面を見るだけで処理されている体験は、これまでのスマートフォンの体験を
大きく変化させます。

第 2 章

ビーコンの技術

この章はビーコンの電波や通信そしてハードウェアについて述べます。iBeacon
を利用する iOS アプリケーションの振る舞いは、ビーコンの出す電波とその伝播
経路そして iOS の振る舞いが組み合わさったものになります。ですからアプリ
ケーションの振る舞いが思ったものではないときに、その原因を見つけるにはア
プリケーションとビーコンの両方の知識が必要です。

2.1 ビーコンの無線通信技術

iBeacon のビーコンには超低消費電力無線通信技術 Bluetooth Low Energy が使
われています。この Bluetooth Low Energy は WiFi などの既存の無線通信に影
響を与えずまた影響を受けないように、そしてビーコン同士で混信しないよう技
術的な配慮がなされています。ですから、すでに WiFi が設置された店舗やすで
にビーコンが設置された場所にもビーコンが設置できるのです。Bluetooth Low
Energy の物理層の技術を、ビーコンを理解するために必要な部分に限って見て
いきます。

2.1.1 電波の周波数と強さ

電波は四方に広がっていくので勝手な利用をされると混信して使い物にならなく
なります。そのため周波数資源は衛星通信や携帯電話など用途ごとに割り当て、
免許制度で運用されています。

ですが WiFi など家庭でも使う無線機器にいちいち免許を発行していては大変
です。ですから技術基準に適合したことを証明した特定の無線設備であれば免
許がなくても運用できる制度が作られています。ですから店で買った WiFi や
Bluetooth などの無線通信装置をすぐに使えるわけです。

Bluetooth Low Energy は 2.4GHz 帯（1GHz は 1000MHz）の周波数を使います。この 2.4GHz 帯は産業科学医療用バンドという、産業・科学・医療分野で電波をもっぱら無線通信以外の高周波エネルギー源として利用するために国際電気通信連合 (ITU) が割り当てた周波数帯の 1 つです。周波数帯の利用ライセンス料がいらず、国際的に共通して利用ができることから、WiFi や電子レンジなど多種多様な無線機器がこの周波数帯を利用しています。

Bluetooth Low Energy の物理層の特性を 表 2.1 に示します。 Bluetooth Low Energy は、2.400 GHz から 2.4835 GHz の間の 80MHz を、2MHz 幅の計 40 個のチャンネルに区分して使います（図 2.1 ）。送信電力は 0.01 mW (-20 dBm) から 10 mW (+10 dBm) まで、感度はビットエラーレートが 0.1 ％になる受信信号電力で与えられ最低でも -70 dBm です。実際の製品では -93 dBm 程度です。通信距離は見通しで最大 50m 程度、送信電力を最小にしぼれば 1 m 程度にもできます。

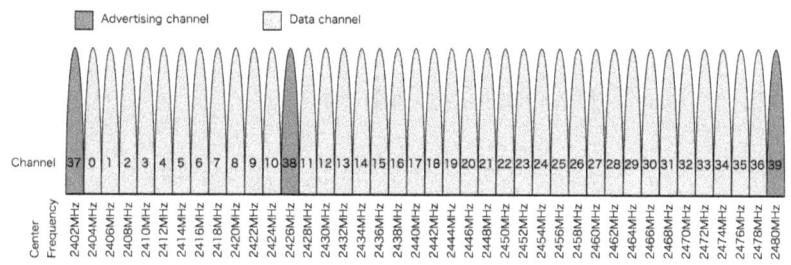

図 2.1　チャンネルの周波数割り当て

表 2.1:　Bluetooth Low Energy の物理層の特性

項目	値
周波数	2.400 - 2.4835 GHz
物理層のビットレート	1 Mbps
通信送信電力	10 μ W ~ 10 mW
伝達距離	最大 見通し 50 m

2.1.2　リンク層のパケット・フォーマット

Bluetooth Low Energy の通信はパケット (制御情報とデータを含む連続したビットのかたまり) をやりとりします。パケットのフォーマットを図 2.2 に示します。1 つのパケットの長さは 80 ビットから 376 ビット (10 ~ 47 オクテット) です。オクテットは情報量の単位で、8 ビットのかたまりが 1 オクテットです。物理層のビットレートは 1 Mbsp なので、1 つのパケットの送信時間は 80 マイクロ秒から 376 マイクロ秒です。

パケットは、プリアンブル、アクセス・アドレス、プロトコル・データ・ユニット (Protocol Data Unit, PDU) と巡回検査符号 (Cyclic Reundancy Check, CRC) で構成されます。プリアンブルはパケットの検出とサンプリングの同期に使われる 0/1 の繰り返しです。アクセス・アドレスはリンク層が割り振るランダムな値でデバイスの識別に使われます。プロトコル・データ・ユニットが通信データで、巡回検査符号はパケットのビット誤り検出に使います。

1	4	2 ~ 39	3	オクテット octets
8	32	16 ~ 312	24	ビット bits
プリアンブル Preamble	アクセス・アドレス Access Address	プロトコル・データ・ユニット Protocol Data Unit (PDU)	巡回冗長検査 (CRC) Cyclic Redundancy Check	

図 2.2 リンク層のパケット・フォーマット

2.1.3 アドバタイジング・パケット

アドバタイジングは、周囲にある Bluetooth Low Energy デバイスに非同期非接続で自分の存在を知らせる仕組みです。パケットをアドバタイジング・パケット、送信しているデバイスをアドバタイザと呼びます。ビーコンはこのアドバタイジング・パケットを利用して識別情報をブロードキャストします。

アドバタイザは一定周期ごとに、チャネル 37, 38, 39 の 3 チャネル (アドバタイズメント・ブロードキャスト・チャンネルと呼びます) それぞれにアドバタイズメント・パケットを送信します。アドバタイズメント・パケットのアクセス・アドレスは固定値 1000111010001001101111110011010110b (0x8E89BED6) です。デバイスを発見したいデバイスは、スキャン周期ごとに一定時間、この 3 つのチャンネルを受信します。

アドバタイズメント・ブロードキャスト・チャンネルと Wi－Fi(IEEE 802.11b/g/n) のチャンネルの周波数チャネルマッピングを重ねたのが 図 2.3 です。アドバタイ

ズメント・ブロードキャスト・チャンネルは、バンドの端そして Wi − Fi(IEEE 802.11b/g/n) のチャンネル 1 と 6 の狭間の周波数という、WiFi や電子レンジの周波数と重ならない周波数に配置されています。ですから既存の無線通信に影響することも、また逆に影響をうけることもほぼありません。

ビーコンの設置時に、WiFi の運用責任者や店舗担当者は既存施設に混信しないかと必ず聞いてきます。原理的に混信がないことを説明して、相手側が求める測定方式で影響度を定量するなどします。

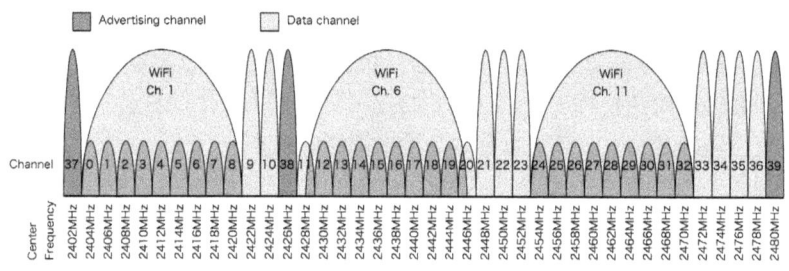

図 2.3 Bluetooth Low Energy と WiFi のチャンネル

2.1.4　アドバタイズメント・インターバル

アドバタイズメント・パケットを送信する周期がアドバタイズメント・インターバルです。0.625 ミリ秒の整数倍で 20 ミリ秒から 10.24 秒までの値を設定します。この周期が短いほどデバイスは発見されやすくなりますが、電池の消費量が大きくなります。

ビーコンの仕様は Made For iPhone(MFi) プログラムのもとで出されており、この設定値についての情報は一般には分かりません。iOS のビーコンのレンジングは 1 秒周期なので、レンジングを使うならば周期は 1 秒以下であるはずです。これは iOS デバイスのビーコン検出の振る舞いに大きく影響を与える値ですから、MFi プログラムをうけたビーコン・メーカからの指定値に従うべきです。

ビーコン同士が混信しないのはビーコンが電波を送信している時間がとても短いためです。ビーコンのアドバタイジング・パケットの長さは 368 マイクロ秒、アドバタイズメント・インターバルが数百ミリ秒なので、電波を送信する時間を 1 とすれば電波を送信していない時間は 1000 程度と 3 桁違います。

ですから複数のビーコンが 1 箇所にあってもアドバタイジング・パケットが衝突することはほとんどありませんし、たとえ衝突しても次のパケットが受信できれ

ばビーコンは検出されるので、ビーコン検出に目に見える影響は出てきません。

2.1.4.1 ペイロードのフォーマット

アドバタイジング・パケットの PDU は、2 オクテットのヘッダとそれに続く 6〜37 オクテットのペイロードで構成されます (図 2.4)。ヘッダの PDU Type は PDU の種類を示します。 TxAdd、RxAdd は PDU Type ごとに意味が異なります。 Length はペイロードの長さを示します。単位はオクテットです。

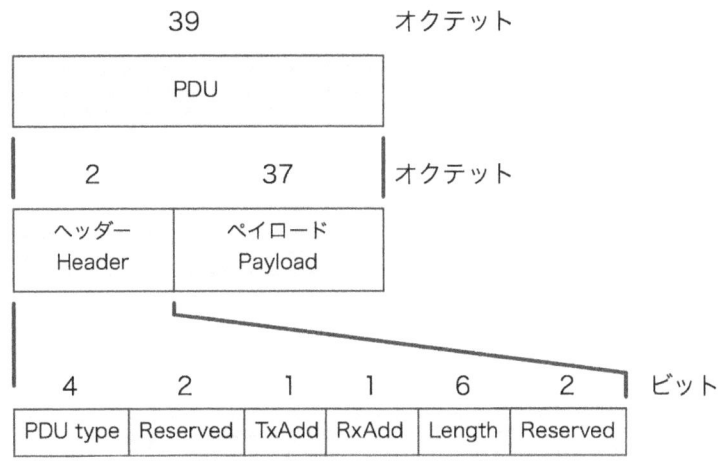

図 2.4 アドバタイジング・パケットのフォーマット

表 2.2: アドバタイジング・パケットのタイプ

PDU タイプ	役割	略語
0000	Connectable undirected advertising	ADV_IND
0001	Connectable directed advertising	ADV_DIRECT_IND
0010	Non connectable undirected advertising	ADV_NONCONN_IND
0011	Scan request	SCAN_REQ
0100	Scan response	SCAN_RSP
0101	Connection request	CONNECT_REQ
0110	Scannable undirected advertising	ADV_SCAN_IND

ヘッダの PDU Type は　表 2.2 の 7 タイプあり、このうち ADV_IND、ADV_DIRECT_IND、ADV_NONCONN_IND、ADV_SCAN_IND がアドバタイジングに、その他はデバイスの詳細情報のスキャンと接続要求に使われます。

PDU タイプは略語であらわします。役割の connectable は接続要求ができることを、undirected は不特定多数のデバイスへのアドバタイジング、directed は特定デバイスへのアドバタイジング、そして scannnable はスキャン要求できることを示します。

2.1.4.2　パブリック・デバイス・アドレスとランダム・デバイス・アドレス

ビーコンによくつかわれるのは ADV_IND または ADV_NONCONN_IND タイプのいずれかです。このタイプのペイロードは、6 オクテットのアドバタイザのアドレス AdvA と、0 から 31 オクテットのアドバタイジング・データとで構成されます（図 2.5）。

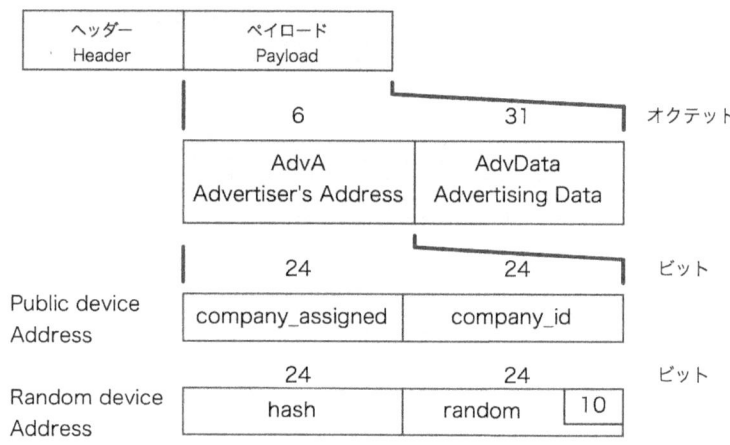

図 2.5　アドバタイジング・パケットのペイロード

48 ビットのアドレス AdvA は、物理的なデバイスを特定するアドレスで、ヘッダの TxAddr が 0 ならばパブリック・デバイス・アドレス (Public device address)、1 ならばランダム・デバイス・アドレス (Random device address) です。

パブリック・デバイス・アドレスは、Bluetooth SIG が企業ごとに発行した 24 ビットの識別子と、企業が製品ごとに割り振る 24 ビットの識別子で構成される、

デバイスごとにユニークな不変の値です。

ランダム・デバイス・アドレスは一定時間ごとに変更されるランダム値とそのハッシュ値とで構成されます。ハッシュ値はデバイスの 128 ビットの IRK(Identity Resolving Key) とランダム値からハッシュ関数で計算した値です。

このランダム・デバイス・アドレスはプライバシーを守るためにあります。パブリック・デバイス・アドレスはデバイスに固有の値ですから、スニッフィングしてアドバタイジング・パケットのアドレス AdvA を読み取れば特定デバイスを追跡できます。一定時間ごとに値が変化するランダム・デバイス・アドレスであれば、このおそれがありません。 iOS デバイスのような個人が所有するデバイスは、ランダム・デバイス・アドレスを使います。

2.1.4.3 アドバタイジング・データのフォーマット

アドバタイジング・データ (Adv Data) は AD structure というデータ構造の配列です (図 2.6)。 Adv Data の長さは、Bluetooth Low Energy のパケット最大長で制限され、31 オクテットです。

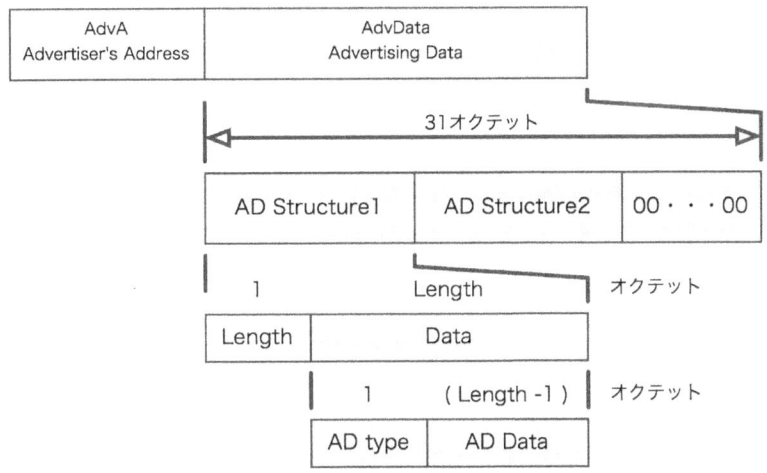

図 2.6 アドバタイジング・データのフォーマット

AD structure の Data は、1 オクテットの AD type と (Length-1) オクテットの AD Data で構成されます。ビーコンが使う AD type は次の 2 つです:

- Flags
- Manufacturer Specific Data

これらのフラグ毎にデータ構造を詳しく見ていきます。

2.1.4.3.1　Flags　Flags はデバイスの機能を示しアドバタイジング・パケット
に必ず 1 つあります (表 2.3)。 AD type の値は 0x01 です。

表 2.3:　Flags の AD Data のビット割り当て

ビット	記述
0	LE Limited Discoverable Mode
1	LE General Discoverable Mode
2	BR/EDR Not Supported
3	Simultaneous LE and BR/EDR to Same Device Capable (Controller)
4	Simultaneous LE and BR/EDR to Same Device Capable (Host)
5..7	Reserved

Bluetooth LE のみをサポートするシングルモード・デバイスは、BR/EDR Not
Supported は'1'、Simultaneous LE and BR/EDR to Same Device Capable は、
ホストとコントローラいずれも'0' になります。

Limited Discoverable Mode は、一定時間あるいはイベント発生時にのみデバイ
スが発見できるモードです。 General Discoverable Mode は常にデバイスが発見
できるモードで、ビーコンはこのモードを使います。

2.1.4.3.2　Manufacturer Specific Data　Manufacturer Specific Data(マ
ニュファクチャラ・スペシフィック・データ) は企業が任意に使えるデータ領域で
す。 AD type は 0xFF です。 AD Data は、先頭 2 オクテットが Bluetooth SIG
が企業に発行した識別子、そして任意長のバイナリ・データが続きます。企業の
識別子は Company Identifiers documents にリストがあります。

2.2　ビーコンのデータ構成

ビーコンはアドバタイズメント・パケットに次の 4 つの情報を入れます:

- UUID : 128-bit の値
- メジャー番号: 符号なし 16 ビット整数

- マイナー番号: 符号なし 16 ビット整数
- RSSI: 1m 離れた地点での受信信号強度を表す 8 ビット整数 (単位は dBm)

UUID (Universally Unique Identifier) は 128 ビット (16 バイト) の一意の識別子です。UUID は登録管理のサーバがなくても、分散した機器それぞれで重複や偶然の一致が起きないように生成できる識別子です。Mac OS X ならばコマンド uuidgen で、iOS アプリケーションでは NSUUID クラスの UUID プロパティで、UUID を生成できます。

メジャー番号およびマイナー番号は、いずれも符号なし 16 ビット整数 (0 から65535 までの値) です。この 2 つの番号の意味付けや使い方は、ビーコンの設置者の自由です。例えば、全国にある店舗にビーコンを設置するならば、管理しやすい階層構造になるように、各店舗にメジャー番号をそれぞれの店舗内の売り場にマイナー番号を割り当てます。

パケットの RSSI フィールドの値は、ビーコンから 1m 離れた地点での受信信号強度を単位 dBm で表します。RSSI(Received Signal Strength Indicator) は受信信号強度の略称です。この値はビーコンとの距離推定に使われます。iOS デバイスをビーコンにした時のデフォルト値は -59 dBm (0xC5) です。

iOS デバイスをビーコンにしたときのアドバタイズメント・パケットのデータ・フォーマットを図 2.7 に示します。

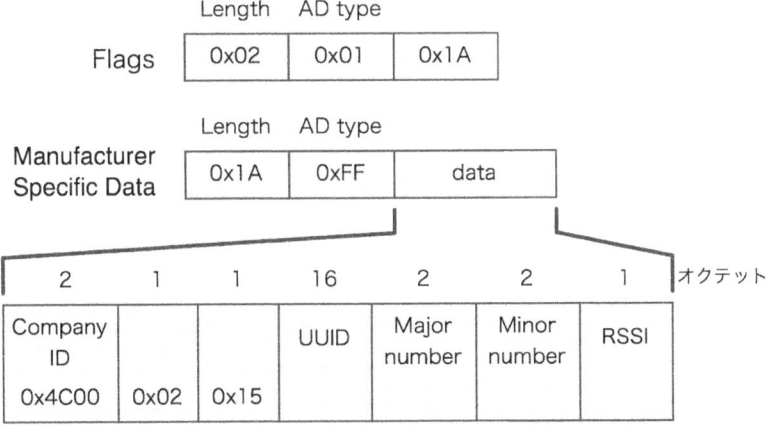

図 2.7 iBeacon のデータ・フォーマット

データは 2 つの AD Structure の配列です。最初の 3 オクテット、0x02, 0x01,
0x01A は Flags を表します。値は 0x1A で次の 3 つのフラグがたっています：

- General Discoverable Mode
- Simultaneous LE and BR/EDR to Same Device Capable (Controller)
- Simultaneous LE and BR/EDR to Same Device Capable (Host)

これはクラシック Bluetooth と Bluetooth Low Energy を同時に利用できて、い
つでも発見できることを示しています。

2 つめの、0x1A,0xFF で始まる AD Structure は、長さ 26 オクテットのマニュ
ファクチャラ・スペシフィック・データです。ここにビーコンの識別信号があり
ます。

先頭の 2 オクテット 0x4C , 0x00 は、Bluetooth SIG が Apple 社に割り当てた
企業コード (0x004c) をリトル・エンディアンで示しています (製造企業の識別
番号)。

次の 2 オクテット、0x02 , 0x15 は固定値で意味は不明です。おそらく 0x02 は
フォーマットのバージョン番号を、0x15(10 進数で 21) はこの後ろに続くデータ
長を示していると思われます。

その次に UUID、メジャー番号およびマイナー番号が続きます。バイトオーダは
ビッグ・エンディアンで、パケットの先頭から末尾にかけて上位バイトから下位
バイトの順に並びます。

2.3　ビーコンまでの距離推定

2.3.1　自由空間での伝搬損失

周囲は真空で何もない空間 (自由空間) にビーコンが周囲に一様に電波を送信し
ている理想的な状態での、受信信号強度と距離の関係式はフリスの伝搬公式と呼
ばれます。

電波は球面状に一様に広がっていきますから、受信信号強度は球面の面積に反比
例つまり距離の 2 乗に反比例します。ビーコンを中心として 1m 離れた地点での
受信信号電力を p_1 (mW) とすれば、距離 r (m) での受信信号強度 p_r (mW) は：

$$p_r = p_1/r^2 \ [\mathrm{mW}]$$

で与えられます。受信信号強度は桁が大きく変化するので、扱いやすくするために対数で扱います。この式の両辺の対数をとり 10 をかけると:

$$P_r = P_1 - 20 \log_{10} r \, [\text{dBm}]$$

となります。式の P_r および P_1 はそれぞれ p_1 および p_r を dBm 単位で表した電力で $P_r = 10 \log_{10} p_r$, $P_1 = 10 \log_{10} p_1$ で与えられます。この式から距離 r は

$$r = 10^{(P_1 - P_r)/20} \, [\text{m}]$$

となります。

2.3.2 伝搬損失と距離推定

iOS がビーコンとの距離を推定する方法は公開されていませんが、おそらく自由空間伝送損失モデルを使っているのでしょう。

iOS デバイスをビーコンとした時 (P_1 は -59 dBm) の受信信号強度と推定距離の一覧を 表 2.4 に示します。

表 2.4: 受信信号強度と推定距離

受信信号強度 (dBm)	推定距離 (m)
-59	1
-68.5	3
-79	10
-88.5	30
-93	50

実際の受信信号強度は距離以外の要因で大きく変化します。受信信号強度に影響するものは:

- 送信機および受信機のアンテナの指向性
- 人体による吸収
- 反射や吸収、反射波と直接波の干渉 (フェーディング)

があります。

iOS デバイスのアンテナには指向性があり、ビーコンから 1 m 離して置いた iOS デバイスを 1 回転させると受信信号強度は ± 3 dBm 程度変化します。これだけでも推定距離は 40% ほど変化します。

2.4GHz 帯は水や人体によく吸収されます。例えば、iOS デバイスを手に持ったユーザがビーコンに背中を向けると自分の体が影になり受信信号強度が弱くなります。また iOS デバイスを手に持ってデバイスが体から離れている状態とポケットに入れて iOS デバイスが体に密着している状態でも受信信号強度は変化します。

また人がいない時より満員のほうが強く吸収されます。もしも誰もいない部屋で調整とテストをしても、実運用でお客さんで満員になるとテスト時と振る舞いが異なるかもしれません。

電波は壁や窓を通過すると減衰します。反射波と直接波が両方届く場所では、信号が干渉して位相のずれ量で受信信号強度が強くなったり弱くなったりするフェーディング現象が生じます。理想状態では受信信号強度はビーコンからの距離で単調減少しますが、フェーディングがあると強弱の波がつきます。

このような影響を小さくするには、例えば天井などビーコンを常に見通せる位置に設置して、ビーコンと iOS デバイスの間の電波伝播経路が乱されない、障害物が出入りしない配置にします。

2.4　ビーコンの領域検出

ビーコンからの電波が届く範囲をビーコン領域と呼びます。ビーコンから遠ざかるにつれて電波は徐々に弱くなっていくため、電波が届かなくなる境界はぼんやりしていて明確ではありません。領域の境界では信号が弱く識別信号が受信できたりエラーで受信できなかったりします。

もしも電波が受信できる/できないをそのまま領域の検出とすると、領域の境界では領域への入退出が頻繁に通知されてユーザに不快な体験をさせてしまいます。

iOS は遠くからビーコンに近づいていきビーコンの識別情報が受信できるようになったら 2 秒程度で領域に入ったと判断します。逆にビーコンから遠ざかっていく場合、電波が 20 秒以上受信できなくなれば領域から出たと判断します[1]。

---

[1]位置情報とマップブログラミングガイド, 32 ページ. https://developer.apple.com/jp/devcenter/ios/library/documentation/LocationAwarenessPG.pdf

2.5 専用ビーコン

アプリケーションの動作試験だけであれば1つのビーコンでもよいのですが、例えば移動する場面を実験しようとすれば、4つ程はビーコンが必要になります。小さくて電池駆動の専用ビーコンは、壁や床に両面テープで貼り付けて設置できるので一時的な実験に便利です。

ビーコンの多くは、高周波回路を1つの小さな基板にまとめたモジュールと呼ばれる電子部品に電池をつないだ簡素な構造です。ビーコンは1次電池で年単位の連続稼働ができますから、たいていは電源スイッチもありません。

モジュールの電子部品原価は 500 円程度で 500 円から 1500 円程度で販売されています。大きさは 2cm 角程度です。モジュールは小さいので、ビーコンの大きさや容積は使用する電池で決まります。外装は電波を通す素材であればよいのですが、色合いや形状の自由度が高いプラスチック樹脂がよく使われます。

iBeacon は Made For iPhone (MFi) プログラムの対象なので、Apple 社と MFi プログラムを締結したメーカが iBeacon という商標をつけたビーコンを発売できます。

2.5.1 日本で使用できるビーコン

日本の電波法に基づき特定無線設備の技術基準適合証明を取得したものが一般販売されています。日本の技術適合を取得していない海外製品を日本国内で使用すると、使用者が電波法違反に問われます。

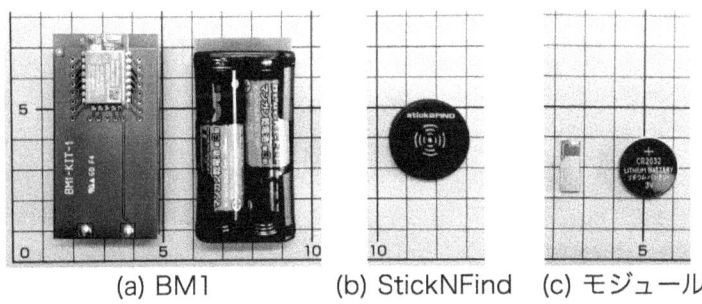

(a) BM1　　(b) StickNFind　(c) モジュール

図 2.8　日本で使用できるビーコン

日本で使用できる一般販売されているビーコンは 図 2.8 の 2 つです。 図 2.8 (a) が (株) アプリックスの Beacon モジュール「BM1」[2]、(b) が StickNFind

---

[2]http://www.aplix.co.jp/?page_id=7593

Technologies 社の StickNFind [3]です。 (c) は (株) ブレイブリッジのモジュールです。 StickNFind は忘れ物防止や物探しのためのガジェットで本来はビーコンの機能はありませんが、開発者向けに公開されているビーコンにするファームウェアを iPhone から書込みビーコンにすることができます。

価格と管理設定アプリケーションの使いやすさで (株) アプリックスのビーコン・モジュール BM1 を勧めます。ビーコンをすぐに使いたいならば単三電池ボックスがついたものを、製品に組み込みたいならばモジュール単体を購入します。500 円玉程度に小さくかつ薄いビーコンがすぐに必要ならば StickNFind もよいでしょう。

2.5.2　ビーコンの電池選択

ビーコンの大きさは、ほぼ電池で決まります。小さいほうが外形デザインの自由度が高くなりますが、電池の交換頻度が増えて運用の手間が増えます。利用場面にあわせた電池の選択が必要です。ビーコンの消費電力の概算と電池の種類ごとの連続稼働時間の目安値を計算してみます。

まずビーコンの平均消費電力を求めます。簡単のためにアドバタイズメント・パケットを送信している間だけ電流が流れるとします。送信時の電源電流が 10 mA 流れるとします。 3 つあるアドバタイジング・チャンネルそれぞれに 1 秒に 1 回アドバタイズメント・パケットを送信するときの平均消費電流は、アドバタイズメント・パケットの長さが 368 マイクロ秒なので:

1 (回/秒) x 3 チャンネル x 368 マイクロ秒 x 10 ミリアンペア = 11 マイクロアンペア

となります。

この値から計算した一次電池の種類ごとの連続稼働時間の目安値を 表 2.5 に示します。ビーコンにはコイン型リチウム電池または単 3 マンガン電池がよく使われます。 Bluetooth Low Energy の半導体の動作電源電圧は 1.8 V から 3.6 V なので、電圧が 3V のコイン形リチウム電池であれば 1 つ、電圧が 1.5 V のマンガン電池であれば 2 つ直列にして使います。

目安としてコイン型電池で 1 年から 2 年程度、単 3 電池で 10 年程度の連続稼働時間が可能です。連続稼働時間はパケット送信周期に反比例しますから、例えば 1 秒に 3 回送信する場合の連続稼働時間はこの表の値を 1/3 にして求めます。

コイン形リチウム電池には大小様々な直径と厚みのものがありますが、回路が求める 10 から 20 ミリアンペア程度のピーク電流を供給できる CR2016 (直径 2

---

[3]http://mbridge.jp

cm、厚み 1.6 mm) または CR2032 (直径 2 cm、厚み 3.2 mm) がよく使われます。

マンガン電池よりもアルカリ電池のほうが容量が大きいのですが、ビーコンのような消費電流が小さくかつ長期間利用には、液漏れの心配があるアルカリ電池よりもマンガン電池が好まれます。

表 2.5: 電池の種類と連続稼働時間の目安

電池の種類	容量	必要本数	連続稼働時間の目安
CR2016	90mAh	1つ	340 日 (0.9 年)
CR2032	220mAh	1つ	830 日 (2.3 年)
単 3 マンガン電池	1000mAh	2 本	3800 日 (約 10 年)

2.6 iBeacon 以外の屋内位置検出技術

屋内位置検出技術は iBeacon に限らずいろいろあります。アプリケーションやサービスで屋内位置検出を求めるとき、iBeacon を選ぶべきでしょうか、それともそれ以外の技術を選ぶべきでしょうか。屋内位置検出技術は物理層で分類すると:

- WiFi
- Indoor MEssaging System (IMES, アイムス)
- 光や音

があります。 WiFi は無線 LAN の識別信号を利用するもの、IMES は GPS 衛星と同じ電波形式を用いた屋内位置情報の送信機を設置するもの IMES コンソーシアム[4]、そして音や光は人間に知覚されにくい光や音の変調信号を LED 照明やスピーカを通して提供するものです。

WiFi の識別子を検出する iOS の API は iOS6 以降プライベート API になったため、WiFi を検出する屋内位置検出技術を使ったアプリケーションは AppStore で承認されません。そのため iOS デバイス側ではなく WiFi ルータ側で位置検出をおこなうシスコ モビリティ サービス エンジン[5]などのソリューションがあり

---

[4]http://keiosdm.sakura.ne.jp/imesconsortium/
[5]http://www.cisco.com/cisco/web/support/JP/106/1065/1065351_mse-cams-guide.html

ます。WiFi を利用したソリューションは、WiFi 敷設と合わせて導入されることが多く設置費用が必要です。

光を利用するものは、簡単な発光装置と iOS アプリケーションの組み合わせで実現ができ手軽です。ただし、光を検出するカメラはフォアグラウンド (アプリケーションが画面に表示された状態) でのみ利用できバックグラウンドでは使えません。ですからユーザにアプリケーションを起動してもらう必要が出てきます。

音は既存の屋内放送設備が利用できるので導入しやすいものです。アプリケーションはバックグラウンドでもマイクを使えるので、ユーザがアプリケーションを自分で起動しなくても、入店を検出して自動的にクーポンを発行する自然な体験も作れます。ただし音を常時検出すると電池を消費します。

どの技術が適しているかは、導入後の運営方針までを含めた広い視点から判断します。

iOSアプリケーション開発

iBeacon は iOS7 の位置情報の CoreLocation フレームワークに統合されている
ので、2 章に述べた物理的な詳細を知らなくても iBeacon を利用できます。また
CoreBluetooth フレームワークを使えばビーコンの送信もできます。

iOS が提供する iBeacon の機能は:

1. ビーコン領域の境界横断検出
2. ビーコン領域の状態取得
3. ビーコンとの近接検出 (レンジング)
4. ビーコンの送信
5. Passbook との連携

の 5 つです。1 から 4 までは iOS アプリケーションが利用する機能です。5 は
iOS の Passbook アプリケーションが提供する機能で、ユーザが iOS デバイスの
ロック画面を表示した時にビーコン領域を検出して、ビーコン領域に紐付けられ
たパスをロック画面に表示します。詳細は Passbook プログラミングガイド[1] を
参照してください。

3.1 iOS7 と iBeacon

iBeacon は iOS7 ではじめて導入されたものなので、はじめにその概要を述べ
ます。

3.1.1 ビーコン領域

---

[1] https://developer.apple.com/jp/devcenter/ios/library/documentation/PassKit_PG.pdf

iOS7 はビーコン群の電波の届く領域をビーコン領域と呼びます。個々のビーコンは 128 ビットの UUID および 16 ビット符号なし整数の major 番号と minor 番号の 3 つで構成される識別情報を発信しています。

ビーコン領域は CLBeaconRegion クラスで表しますが、その指定方法は UUID のみ、UUID と major 番号、および UUID と major および minor 番号の 3 通りです。指定がない項目は任意の値 (ワイルドカード) として扱われます。指定条件に一致する全てのビーコン群が作る領域が、1 つのビーコン領域になります。

例を 図 3.1 に示します。 major および minor 番号がかかれた濃いグレーの四角は、それぞれが 1 つのビーコンを表します。すべてのビーコンには同じ UUID を割り当てているとします。点線が指定条件に対応するビーコン領域を示します。

図 3.1 (1) は UUID のみを指定しています。ですから指定した UUID で major および minor 番号は任意のビーコン群 (この例では 4 つ全てのビーコン) がつくる領域がビーコン領域になります。同じように (2) は指定した major 番号に一致するビーコン群、(3) は指定した 3 項目が一致するビーコン群がつくる領域がビーコン領域になります。

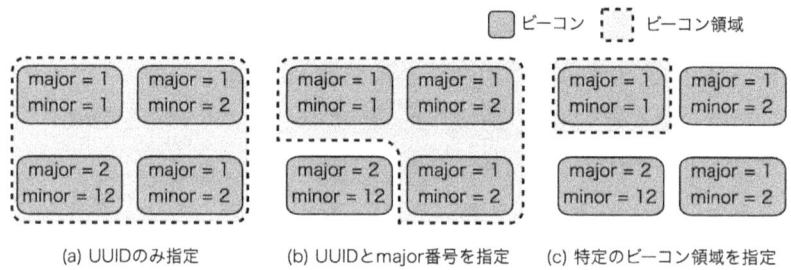

図 3.1　監視対象指定と検出領域

ビーコン領域の境界横断検出は 図 3.1 の点線を横切ったときに発生します。個々のビーコンの電波領域とビーコン領域を混同しないように注意します。

またビーコン領域指定には必ず UUID が必要で、UUID は 128 ビットもある乱数のようなものなので、アプリケーションは自分が知っているビーコン群しか検出できません。任意の UUID のビーコンを検出する機能は iOS にはありません。

iBeacon の機能を 図 3.2 に示します。ビーコン領域の境界横断検出は、ビーコン領域の電波が届かないところから届くところへの移動、また届くところから届かなくなるところへの移動のタイミングで発生します。ビーコン領域の状態検出は、いまビーコン領域の電波の届く範囲にいるか、届かない範囲にいるのかを判

定します。そしてビーコンとの近接検出は、受信できる個々のビーコンそれぞれについて電波の受信信号強度から近い遠いを推定してアプリケーションに 1 秒毎に通知します (レンジングと呼びます)。

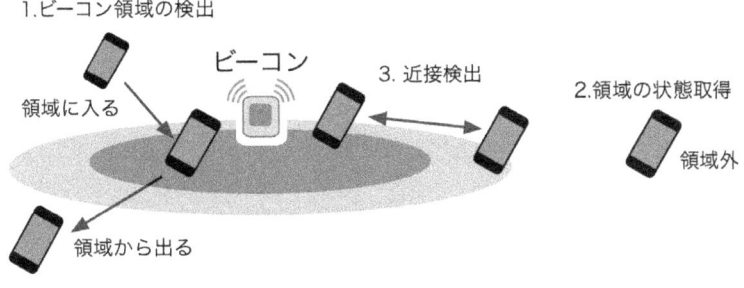

図 3.2 iBeacon の機能

3.1.2 バックグラウンド動作

Xcode でアプリケーションのバックグラウンド・モードの Location updates を有効にすると、ビーコン領域の境界横断検出 (以後、ビーコン領域監視と呼びます) 時にバックグラウンドでデリゲートが呼び出されます。

アプリケーションは iOS に CLBeaconRegion オブジェクトを渡してビーコン領域監視を開始します。アプリケーションがサスペンド状態のときにビーコン領域を横断すると、iOS はアプリケーションをバックグラウンド状態にしてデリゲートを呼び出します。アプリケーションがメモリにない終了状態のときは、iOS がアプリケーションを起動します。

iOS がビーコン領域監視でアプリケーションを起動すると、AppDelegate オブジェクトの application:didFinishLaunchingWithOptions: メソッドが呼び出されます。引数に渡される NSDictionary オブジェクトは、位置情報監視でアプリケーションが起動されたことを示すキー値 UIApplicationLaunchOptionsLocationKey に値 (Boolean で 1 の NSNumber オブジェクト) が入っています。

この application:didFinishLaunchingWithOptions:メソッドのなかで CLLocation-Manager オブジェクトを作りデリゲートを設定すると、このメソッドが呼ばれた後に iOS はアプリケーションをバックグラウンド状態にするので、デリゲートが呼び出されます。

3.1.3 ロック画面表示時の領域状態確認

iOS アプリケーションのロック画面が表示された瞬間にビーコン領域内にいれば、バックグラウンド状態でデリゲートが呼び出されます。これは iBeacon 特有のバックグラウンド動作です。ロック画面に通知を表示するなどできます。おそらく Passbook もこれを利用していると思われます。

このモードはロック画面表示の瞬間だけビーコン検出を行うので電力を消費しません。ビーコン領域にいるユーザがその場所で実行したいことをロック画面に表示したり自動的に処理する場面に使えます。

例えば、支払いアプリケーションをインストールしているユーザがレジの前でロック画面を表示すれば、レジに設置されたビーコンに反応したアプリケーションが決済処理を完了して通知画面に決済完了と表示するでしょう。

3.1.4　iOS7.0 と iOS7.1 のバックグラウンド動作

iOS7.1 のバックグラウンド動作は iOS7.0 よりも強力です。もしも iBeacon 対応アプリケーションをリリースするならば、対象 OS は iOS7.1 以降とすべきです。

iOS7 で新しいマルチタスキングが導入されました。ホームボタンを 2 回押すとアプリケーションのプレビュー画面が一覧表示されます。これはマルチタスク UI(multitasking UI) またはアップスイッチャー (App Switcher) と呼ぶもので、ユーザはアプリケーションの選択また上にスワイプすることで終了ができます。

iOS7.0 では、このマルチタスク UI にアプリケーションがあるときだけ、iBeacon のバックグラウンド処理が実行されます。ユーザがマルチタスク UI からアプリケーションをスワイプして消すとバックグラウンド状態に遷移しません。普段使わないアプリケーションをマルチタスク UI から積極的に消すユーザは多く、それがアプリケーションがビーコンに反応しないよくある理由です。

iOS7.1 では、マルチタスク UI の表示に関わらずバックグラウンドでデリゲートが呼び出されます。アプリケーションのビーコン監視はプライバシー設定の位置情報利用のオフでオプトアウトできます。

また iOS7.0 では iOS デバイスの電源オンオフや再起動をするとデリゲートが呼び出されなくなります。iOS7.1 では電源のオンオフや再起動後でも、iOS は領域監視を継続してバックグラウンド状態でデリゲートを呼び出します。再起動前に指定した CLBeaconRegion オブジェクトは、CLLocationManager の monitoredRegions プロパティから取得できます。

3.1.5 ビーコン領域監視の消費電力

ユーザは電池消費量にとても敏感です。ビーコン領域監視をしているとステータスバーにコンパスのアイコンが点灯します。ビーコン領域監視は Bluetooth Low Energy の高周波受信回路を使いますから、領域監視をしていない場合よりも消費電力が増加します。

ビーコン領域監視をしていると、iOS7.0 では i1 日あたり Phone4s が電池容量の50%程度、iPhone5 で電池容量の 3%程度を消費します。iOS7.1 では iPhone4s および iPhone5 いずれも 1 日あたり電池容量の 3%程度の電力を消費します。周囲に多数のビーコンがあるなしによる消費電力の差は見られません。

iOS7.0 の iPhone4s の電池消費量の大きさだけをみても、iBeacon 対応アプリケーションは iOS7.1 以降対象でリリースすべきです。

このように振る舞いが異なるのは、iPhone4s とそれ以外の iOS デバイスでWiFi/Bluetooth コンボチップの型番が異なることもあるのでしょう。

Bluetooth4 に対応した iOS デバイスは、WiFi/Bluetooth コンボチップの型番の違いで 2 つに分けられます。iOS デバイスの内部構成と半導体の型番は iFixit[2] が掲載している分解写真から分かります。iPhone4s と iPad3 は Broadcom 社のBCM4330 を、iPhone5 と iPad mini と iPod touch 5th Gen、iPhone5c およびiPhone5s は、Broadcom 社の BCM4334 を搭載しています。

BCM4330 から BCM4334 で半導体の製造プロセスが 65nm から 40nm LP に変更され、受信動作時のピーク電流が 68 mA から 36 mA に半減しました。ですから高周波回路の利用時間が同じでも消費電力は半分になります。

おそらく iOS7.0 のリリース時に BCM4330 を搭載する iPhone4s と BCM4334 を搭載する iPhone5 以降の iPhone または iPod touch とで実装に違いがあったのを、iOS7.1 で解消したのでしょう。

3.2 身近なデバイスをビーコンにする

ビーコンを使うアプリケーションの動作確認には複数のビーコンが必要になります。専用のビーコンを購入しなくとも身近なデバイスをアプリケーションでビーコンにできます。

iBeacon は Bluetooth Low Energy を利用した技術なので、ハードウェアがBluetooth4 に対応していてアドバタイジング・パケットのデータをアプリケーションから設定できるならば、ビーコンにできます。例えば:

---

[2]http://www.ifixit.com

- iBeacon に対応した iOS デバイス
- OS X Mavericks 搭載の Mac
- USB ホスト機能がある Linux マイコンボード

をビーコンにできます。

3.2.1　iOS と Mac をビーコンにする

iPhone4 と第 2 世代 iPad を除く iOS7 デバイスや Mavericks な Mac は、アプリケーションでビーコンになります。

iOS では、Radius Networks 社の近接検出技術のデモンストレーション・アプリケーション Locate for iBeacon [3] が便利です。有名なビーコンの UUID はプリセットされていて、また UUID の追加もできます。

Estimote Virtual Beacon [4]は、Estimote 社の iBeacon のデモンストレーション・アプリケーションです。ショッピング体験の一般向けのデモンストレーションに使えます。ビーコンにもなります。UUID の追加設定や変更機能はなく Estimote 社の UUID にしか反応しません。

このほかに、有償ですが BLExplr [5]があります。これはビーコンになる機能はありませんが、指定した識別子のビーコンをリストまたはレーダー風に表示する機能があります。

Mac は OS X Mavericks 以降搭載で Bluetooth4 対応もしくは Bluetooth4 USB ドングルを挿したものを使います。AppStore にはビーコンにするアプリケーションは出ていませんが、Github にはビーコンになる BeaconEmitter[6] やビーコンを検出する iBeaconScanner [7] などが公開されています。開発ツール Xcode は AppStore から無償で入手できるので、自分でビルドしてインストールします。

3.2.2　Windows や Linux をビーコンにする

ラズベリーパイという手のひらサイズの Linux マイコンボードをビーコンにする方法が紹介されています[8]。これは Linux で広く使われている Bluetooth スタック Bluez を使う方法で他の Linux でも同じように利用できます。

---

[3]https://itunes.apple.com/jp/app/locate-for-ibeacon/id738709014?mt=8
[4]https://itunes.apple.com/jp/app/estimote-virtual-beacon/id686915066?mt=8
[5]https://itunes.apple.com/jp/app/blexplr/id524018027?mt=8
[6]https://github.com/lgaches/BeaconEmitter
[7]https://github.com/liamnichols/iBeaconScanner
[8]Build your OWN Apple iBeacon with a Raspberry Pi, http://www.theregister.co.uk/2013/11/29/feature_diy_apple_ibeacons/

Windows にはビーコン・アプリケーションはないようです。Linux にビーコン・アプリケーションをインストールした VirtualBox 用の仮想マシン・イメージが公開されています [^39]。これを使えば Windows もビーコンにできます。

[^39:] Virtual iBeacon, http://developer.radiusnetworks.com/ibeacon/virtual.html

3.3 CoreLocation フレームワーク

CoreLocation フレームワークは、GPS や WiFi 等の物理層を隠蔽してアプリケーションに位置情報を提供するフレームワークです[9]。

iBeacon は次の 3 つのクラスを使います:

- CLLocationManager
- CLBeaconRegion
- CLBeacon

CLLocationManager クラスは、アプリケーションに位置と方向の情報を伝えるインタフェースを定義するクラスです。結果は CLLocationManagerDelegate プロトコルを実装するデリゲートに返されます。CLLocationManager オブジェクトは 1 つのアプリケーションに複数持てます。

CLBeaconRegion クラスはビーコン領域を表すクラスで、アプリケーションが検出したいビーコン群の指定に使います。

CLBeacon クラスはビーコンを表すクラスで、iOS がレンジングで検出したビーコンをアプリケーションに伝えるのに使われます。

3.3.1 開発環境とシミュレーション

開発環境には iOS7 に対応した Xcode5 が必要です。Xcode4.6 は使えません。また Xcode5 で iOS シミュレータの Blueotooth Low Energy のシミュレートが廃止されました。このため iBeacon の機能はシミュレータでは動かず実機でのみ動作します。

Xcode5 からサポートされたモジュールを使うと、"@import" でフレームワークを読み込むだけでヘッダファイルのインクルードとフレームワークのリンク設定がなされます。

---

[9]位置情報とマッププログラミングガイド, https://developer.apple.com/jp/devcenter/ios/library/documentation/LocationAwarenessPG.pdf

@import CoreLocation;

Xcode4.6 以前で作成したプロジェクトでモジュールを利用するには、ビルド設定 Apple LLVM 5.0 - Language - Modules の次の 2 項目を YES にします。

- Setting Enable Modules(C and Objective-C)
- Link Frameworkds Automatically

3.3.2   CLBeaconRegion クラス

CLBeaconRegion クラスは、CLRegion クラスを継承しビーコン群の電波が届く領域 (ビーコン領域) を示します。

CLBeaconRegion オブジェクトのイニシャライザは 3 つあります。どのイニシャライザも、ビーコンの UUID を表す NSUUID オブジェクトとビーコン領域の識別名の NSString オブジェクトの 2 つを必ず指定します。この 2 つの引数には nil を指定できません。

ソースコード 3.1 CLeaconRegion クラスのイニシャライザ

−(**id**)initWithProximityUUID:identifier:
−(**id**)initWithProximityUUID:major:identifier:
−(**id**)initWithProximityUUID:major:minor:identifier:

2 つめのイニシャライザ -(id)initWithProximityUUID:major:identifier: は UUID と major 番号を、3 つめのイニシャライザ-(id)initWithProximityUUID:major:minor:identifier: は UUID と major 番号と minor 番号を指定できます。 major および minor 番号は即値ですから、major 番号を nil にして minor 番号は指定するようなビーコン領域指定はできません。

CLBeaconRegion クラスの 3 つの読み込み専用のプロパティはそれぞれビーコンの UUID、メジャー番号およびマイナー番号を表します。イニシャライザで major/minor が与えられていない場合は nil になります。

ソースコード 3.2 CLBeaconRegion クラスの識別子を表すプロパティ

@**property** (readonly, nonatomic) NSUUID *proximityUUID
@**property** (readonly, nonatomic) NSNumber *major
@**property** (readonly, nonatomic) NSNumber *minor

プロパティ major および minor の NSNumber に入る数値の型は CLBeaconRegion.h の中で、それぞれ符号なし 16 ビット整数 (uint16_t) に型定義されています。

ソースコード 3.3 CLeaconRegion クラスのプロパティ

typedef uint16_t CLBeaconMajorValue;
typedef uint16_t CLBeaconMinorValue;

3.3.3 CLBeacon クラス

CLBeacon クラスはビーコンを表します。このクラスはレンジングで見つけた個々のビーコンの通知に使われます。このクラスは iOS がインスタンスするもので、アプリケーションがインスタンスを作ることはありません。

ソースコード 3.4 CLBeacon クラスのプロパティ

@property (readonly, nonatomic) NSUUID *proximityUUID;
@property (readonly, nonatomic) NSNumber *major;
@property (readonly, nonatomic) NSNumber *minor;

@property (readonly, nonatomic) CLProximity proximity;
@property (readonly, nonatomic) CLLocationAccuracy accuracy;
@property (readonly, nonatomic) NSInteger rssi;

3 つのプロパティ proximityUUID、 major および minor が検出したビーコンの識別情報を、残る 3 つのプロパティが近接情報を示します。 proximity プロパティはビーコンとの近接を表す列挙型で次の 4 つうちいずれかの値を取ります:

- CLProximityUnknown：状態が不明。
- CLProximityImmediate：非常に近い。(~20cm 以下)
- CLProximityNear：近い。(1~2m 程度)
- CLProximityFar：遠い。(それ以外)

accuracy プロパティはビーコンとの推定距離値をメートル単位で示します。このプロパティの型 CLLocationAccuracy は double 型に定義されています。この値は物理的な意味のある値として使わず、proximity プロパティが同じ値のビーコンがいくつかあるときに、それらの遠近判定に使う程度のものです。

rssi プロパティは iOS デバイスが検出したビーコンの電波の受信信号強度を単位 dBm で表します。この単位は mW 単位の受信信号電力の対数値に 10 をかけたものです。ビーコンと iOS デバイスをぴったりくっつけても受信信号強度は最大-20 dBm (0.01 mW) 程度で、通常はマイナスの値になります。

3.3.4   CLLocationManager クラス

CLLocationManager クラスはアプリケーションに位置および方角の情報を提供します。iOS6 までは GPS などの地理的情報を提供していましたが、iOS7 では iBeacon のビーコン領域も扱うようになりました。CLLocationManager クラスはビーコン領域の状態検出と境界横断検出そしてレンジングの 3 つの機能を提供します。それぞれの機能を詳しく見ていきます。

3.3.4.1   ハードウェア対応とサービス利用権限の確認

アプリケーションが iBeacon を利用する 3 つの必要条件は:

1. ハードウェアが Bluetooth4 に対応している
2. アプリケーションの位置情報利用をユーザが許可
3. Bluetooth がの電源が ON になっている

です。1 と 2 の状態は CLLocationManager クラスで取得できます。3 の状態は CoreBluetooth フレームワークを利用して取得できます。

3.3.4.2   ハードウェアの対応確認

ビーコン領域検出対応は、CLLocationManager クラスの isMonitoringAvailableForClass クラスメソッドに CLBeaconRegion のクラス構造体を渡して判定します。対応していれば YES 対応していなければ NO が返されます。

ソースコード 3.5 ビーコン領域検出の対応確認

```
if ([CLLocationManager
    isMonitoringAvailableForClass:[CLBeaconRegion class]]) {
// ハードウェアがビーコン領域監視に対応している。
// 領域登録などの処理を行う。
} else {
// ハードウェアが対応していない。
// 領域監視ができないことを画面に表示するなどの処理を行う。
}
```

その機種のレンジング対応は、CLLocationManager クラスの isRangingAvailable クラスメソッドを呼び出すだけです。対応していれば YES 対応していなければ NO が返されます。

ソースコード 3.6 レンジングの対応確認

```
if ([CLLocationManager isRangingAvailable]) {
  // レンジングに対応している。
  // レンジング開始などを行う。
} else {
  // レンジングに対応していない。
}
```

3.3.4.3 位置情報サービスの利用権限

アプリケーションが位置情報サービスを使うにはユーザの承認が必要です。現在の位置情報の利用権限は CLLocationManager クラスの authorizationStatus プロパティで取得できます。このプロパティは列挙型で:

- kCLAuthorizationStatusNotDetermined (= 0)
  - ユーザはこのアプリケーションの位置情報権限設定の判定をしていません。
- kCLAuthorizationStatusRestricted
  - アプリケーションの位置情報サービス利用が承認されていません。"設定> 一般 > 機能制限" で位置情報利用が制限されています。
- kCLAuthorizationStatusDenied
  - 設定で位置情報サービスが無効にされています。位置情報サービス利用をユーザが拒否しています。
- kCLAuthorizationStatusAuthorized
  - ユーザが位置情報サービス利用を承認しています。

と定義されています。プロパティの値が kCLAuthorizationStatusAuthorized であれば位置情報サービスが利用できます。

CLLocationManager オブジェクトをインスタンスしたときにデリゲートを設定しておくと、インスタンスしたメソッドから処理が抜けた時にデリゲートの locationManager:didChangeAuthorizationStatus: メソッドが呼び出されます。

```
// インスタンス変数として宣言
CLLocationManager *_locationManager;

// イニシャライザなどで、CLLocationManager オブジェクトを割り当てます。
-(id)init {
 ...
_locationManager = [[CLLocationManager alloc] init];
_locationManager.delegate = self;
 ...
// このメソッドを抜けた後、
// デリゲートの locationManager:didChangeAuthorizationStatus:が
// 呼び出されます。
}


// デリゲートの locationManager:didChangeAuthorizationStatus: メソッド。
// CLLocationManagerをインスタンスした直後およびステータスが変更する都度、
// このメソッドが呼び出されます。
- (void)locationManager:(CLLocationManager *)manager
  didChangeAuthorizationStatus:(CLAuthorizationStatus)status {
}
```

インストールしたアプリケーションが初めて CLLocationManager オブジェクト
の startMonitoringForRegion: メソッドを呼び出した時に、位置情報サービス利
用の確認ダイアログが表示されます (図 3.3)。

このダイアログに独自のメッセージを追加できます。 iOS6 から、アプリケー
ションの情報プロパティリストファイル (Info.plist) に、キー "Privacy - Location
Usage Description" (InfoPlistKeyReference) で追加メッセージ文字列を指定し
ます[10]。

iOS7 ではアプリケーションから位置情報の設定画面に遷移する方法はありませ
ん。初回に表示されるダイアログでユーザの承認が得られなかった場合は、ユー
ザ自身に設定操作をしてもらえるようにアプリケーション側で表示説明をするほ
かありません。

---

[10] InfoPlistKeyReference,　　　　https://developer.apple.com/library/ios/documentation/-General/Reference/InfoPlistKeyReference/Articles/CocoaKeys.html#//apple_ref/-doc/uid/TP40009251-SW18

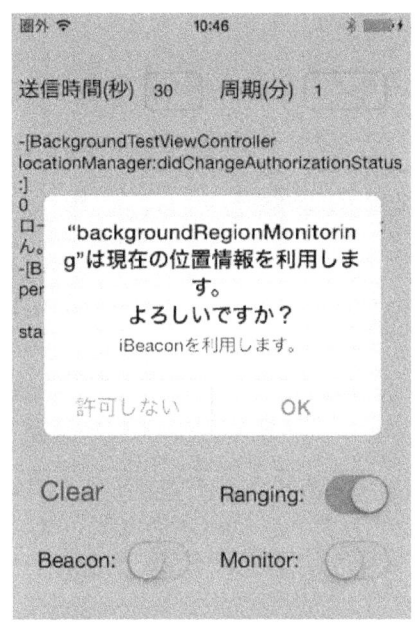

図 3.3 位置情報サービスの確認ダイアログ

iOS7.1 では startMonitoringForRegion: メソッドが呼ばれた時に Bluetooth がオフであれば、"位置精度を高めるために Bluetooth を On にする" かをユーザに問うダイアログが表示されます。

3.3.4.4 機内モードでの振る舞い

設定の機内モードを ON にすると領域監視およびレンジングいずれも機能しません。

機内モードのオンオフで CLLocationManager クラスの authorizationStatus クラスメソッドの値は変化しないため、アプリケーションからみて機内モードのオフを検出することはできません。また機内モードがオンのときに領域監視を開始してもエラーにはなりません。

レンジングは、機内モードがオンでもユーザが手動で Bluetooth をオンにすると動きます。 Bluetooth がオフのときは CLLocationManager オブジェクトの startRangingBeaconsInRegion: メソッドを呼び出すと、デリゲートの locationManager:rangingBeaconsDidFailForRegion:withError: メソッドでエラーが返ってきます。

3.3.5　ビーコン領域監視

ビーコン領域監視は、CLBeaconRegion で指定したビーコン領域の境界をまたいだイベントをアプリケーションに通知します。

3.3.5.1　領域監視の開始と停止

領域監視の開始と停止は、CLLocationManager オブジェクトの startMonitoring-ForRegion: および stopMonitoringForRegion: メソッドに、領域を表す CLBeaconRegion オブジェクトを渡します。領域登録時にエラーが発生するとデリゲートの locationManager:monitoringDidFailForRegion:withError: メソッドが呼び出されます。エラーコードはヘッダファイル CLError.h で定義されています。

領域監視を開始した時点ですでにビーコン領域内部にいても、locationManager:didEnterRegion: は呼び出されません。領域監視はビーコン領域の外から中への移動時に呼び出されるためです。

iOS7.0.4 以降では、 startMonitoringForRegion: を呼び出すと、指定した領域の中にいるのか外にいるのかの状態がデリゲートの locationManager:didDetermineState:forRegion: メソッドに通知されます。領域監視開始時の初期状態はこのデリゲートの値を使って設定します。 iOS7.0 では startMonitoringForRegion: は locationManager:didDetermineState:forRegion: で状態を返しません。必要であれば startMonitoringForRegion: と同時に requestStateForRegion: を呼び出して状態を取得します。

ソースコード 3.7 領域監視の開始と停止

```
- (void)startMonitoringForRegion:(CLRegion *)region;
- (void)stopMonitoringForRegion:(CLRegion *)region;
```

ソースコード 3.8 エラー発生時に呼び出されるデリゲートのメソッド

```
- (void)locationManager:(CLLocationManager *)manager
  monitoringDidFailForRegion:(CLRegion *)region
          withError:(NSError *)error {
  // 領域の登録に失敗
  if(error.code == kCLErrorRegionMonitoringFailure) {
```

アプリケーションが同時に監視できる領域数は 20 までです。 21 個以上の領域を指定しようとするとエラーが発生します。領域は CLRegion クラスから継承し

た NSString クラスの identifier プロパティで識別します。すでに登録されている領域と同じ identifier で領域登録すると、その内容で既存の領域が上書きされます。

例えば建物の検出と建物内部の細かい領域監視をする場合に、20 より多くの領域監視が必要になった場合は、場面ごとに必要な最小の領域をまとめて、バックグラウンドで監視領域を組み替えます。例えば建物全体を表すビーコン領域の検出タイミングで、入り口フロアの詳細領域を指定し、フロアを移動するごとにフロアの詳細領域の指定をバックグラウンドで更新していきます。

identifier プロパティの最大長は英数文字で 511 文字です。 512 文字以上の領域を指定しようとするとエラーになります。 identifier プロパティは "com.your-company-name.application-name.some-string" のように、アプリケーションにユニークな文字列を割り当てます。

モニタしているビーコン領域は CLLocationManager オブジェクトの monitoredRegions プロパティから取得できます。このプロパティは登録された CLBeaconRegion オブジェクトの集合をあらわす NSSet オブジェクトです。アプリケーションには CLLocationManager オブジェクトを複数持てますが、すべての CLLocationManager オブジェクトで同じ登録内容が読み出せます。

iOS デバイスの起動直後は領域監視の通知はきません。領域監視の通知が始まるまで 3 分程度かかります。

3.3.5.2 領域監視とその通知

領域監視のイベントは、startMonitoringForRegion: メソッドに渡す CLBeaconRegion オブジェクトのプロパティで設定します。

@property (nonatomic, assign) **BOOL** notifyOnEntry;
@property (nonatomic, assign) **BOOL** notifyOnExit;
@property (nonatomic, assign) **BOOL** notifyEntryStateOnDisplay;

それぞれのプロパティのデフォルト値と結果が返されるデリゲートのメソッド名を表 3.1 にまとめます。

表 3.1: 領域監視設定と呼び出されるメソッド名

プロパティ	メソッド
notifyOnEntry	locationManager:didEnterRegion:

表 3.1:　領域監視設定と呼び出されるメソッド名

プロパティ	メソッド
notifyOnExit	locationManager:didExitRegion:
notifyEntryStateOnDisplay	locationManager:didDetermineState:forRegion:

notifyOnEntry が YES ならば、ビーコン領域を外から内側に横切った時にデリゲートの locationManager:didEnterRegion: メソッドが呼び出されます。デフォルト値は YES です。

notifyOnExit が YES ならば、領域を内側から外側に横切った時にデリゲートの locationManager:didExitRegion: メソッドが呼び出されます。デフォルト値は YES です。

ビーコンから遠ざかるにつれて電波は徐々に弱くなっていくので、ビーコン領域に物理的な明確な境界はありません。iOS は境界部分で頻繁に領域に入った/出たが通知されないように、領域に入ったことはすぐに通知する、領域から出たことは電波が受信できなくなって 20 秒以上もしくはビーコン領域から 200m 以上移動するなど明らかにビーコン領域から出た状態になったときに通知します。

実際にはビーコンの電波が受信できるようになって 1~2 秒で iOS は領域に入ったと判定します。電波が受信できなくなってから 35 秒から 50 秒程度経過すると、ビーコン領域外と判定します。

notifyEntryStateOnDisplay が YES ならば、ユーザがロック画面の表示時にビーコン領域の状態を検出します。ビーコン領域内にいればデリゲートの location-Manager:didDetermineState:forRegion: メソッドが呼び出されます。ビーコン領域にいない場合はデリゲートは呼び出されません。デフォルト値は NO です。

notifyEntryStateOnDisplay で呼び出されるメソッド locationManager:didDetermineState:forRegion: は、notifyOnEntry, notifyOnExit とは異なること、また現在のビーコン領域の状態を取得する CLLocationManager クラスの requestState-ForRegion: メソッドも、同じメソッドを使って結果を返してくることに気をつけます (表 3.1)。

3.3.5.3　領域のステート取得

現在のビーコン領域のステートは、CLLocationManager オブジェクトの request-StateForRegion: メソッドに CLBeaconRegion オブジェクトを渡して取得します。結果はデリゲートの locationManager:didDetermineState:forRegion: メソッドの呼び出しで非同期に通知されます。引数 didDetermineState: には CLRegionState 型の値が、forRegion: にはビーコン領域の指定に使った CLBeaconRegion と値が同じオブジェクトが渡されます。

CLRegionState はビーコン領域の内部/外部/不明を表す列挙型で、その値は:

- CLRegionStateUnknown
- CLRegionStateInside
- CLRegionStateOutside

の 3 つです。

3.3.5.4 ビーコンの詳細情報取得

ビーコン領域の検出通知は、ビーコン領域の指定に使った CLBeaconRegion と同じ値のオブジェクトを渡してきます。このビーコン領域の検出を引き起こした特定のビーコンの詳細情報は渡されません。ですから、例えば UUID だけを指定した場合、建物の出入りは検出できますが、いま建物のどの入口にいるのかは分かりません。入り口毎にビーコン領域を設置してもよいのですが、アプリケーションからビーコンの詳細情報を取得する方法もあります。

ビーコンの詳細情報の取得にはレンジングを使います。レンジングはバックグラウンド状態で与えられる 10 秒の処理時間では動作します。レンジングの詳細は次節を参照してください。

ソースコード 3.9 領域検出時の周囲にあるビーコン検出

```
-(void)locationManager:(CLLocationManager *)manager
        didEnterRegion:(CLRegion *)region {
  // 登録したリージョンの major/minor がワイルドカードであれば、
  // regionの major/minor は nil。
  // 周囲にあるビーコン情報を取得したいならば、レンジングをする。
  // バックグラウンドでも 10秒間の実行時間があり、
  // その間であればレンジングができる。
  [manager startRangingBeaconsInRegion:region];
}
```

```
-(void)locationManager:(CLLocationManager *)manager
    didRangeBeacons:(NSArray *)beacons
        inRegion:(CLBeaconRegion *)region {
  // beacons に周囲にあるビーコンの情報が入っている。
  // レンジングは 1秒周期。  10秒以内に処理が終わるように、
  // 直ちにレンジングを停止する。
  [manager stopRangingBeaconsInRegion:region];
}
```

3.3.6　ビーコンのレンジング

ビーコンのレンジングは、周囲にある個々のビーコンの検出および近接情報の取得です。領域監視と同じく CLBeaconRegion オブジェクトでビーコン領域を指定すれば、条件に一致するすべてのビーコンを CLBeacon オブジェクトの配列で通知します。レンジングはアプリケーションがフォアグラウンドもしくはイベント通知で実行時間が与えられたバックグラウンド状態で実行できます。

3.3.6.1　レンジングの開始と停止

レンジングは CLLocationManager オブジェクトの startRangingBeaconsInRegion: メソッドおよび stopRangingBeaconsInRegion: メソッドで開始および停止します。引数はビーコン領域を表す CLBeaconRegion オブジェクトです。レンジングに失敗するとデリゲートの locationManager:rangingBeaconsDidFailForRegion:withError: メソッドにエラーが通知されます。

レンジングしているビーコン領域は CLLocationManager オブジェクトの rangedRegions プロパティから取得できます。このプロパティは CLBeaconRegion オブジェクトの集合を表す NSSet オブジェクトです。レンジングには領域の指定上限数はないようです。 iOS7.0.4 で 100 個の領域をレンジングに登録しましたがエラーは返ってきませんでした。

@property (readonly, nonatomic) NSSet *rangedRegions

stopRangingBeaconsInRegion: に与える CLBeaconRegion オブジェクトは、startRangingBeaconsInRegion: メソッドと同じインスタンスである必要はなく、値が同じオブジェクトを与えます。

3.3.6.2 レンジングの結果通知

レンジングを開始すると、1 秒間に検出したビーコンを CLBeacon オブジェクト
の配列にして、デリゲートの locationManager:didRangeBeacons:inRegion: メ
ソッドが 1 秒ごとに呼び出されます。

指定条件に一致するビーコンがない場合は、空の配列が渡されます。 CLBeacon
オブジェクトは通知のつどインスタンスが作られます。

> – (**void**)locationManager:(CLLocationManager *)manager
>   didRangeBeacons:(NSArray *)beacons
>   inRegion:(CLBeaconRegion *)region;

CLBeacon オブジェクトの配列は、距離の近いものから遠いもの順にソートされ
ています。しかし先頭要素の CLBeacon オブジェクトの proximity プロパティ
が CLProximityUnknown の場合があります。最近接のビーコンを取り出した
い場合は NSArray オブジェクトの firstObject メソッドは使わず、ステートが
unknown のビーコンを除外する処理を実装します。

ビーコンを検出すれば直ちに次のレンジングの結果通知に反映されます。ビーコ
ンの電波を停止すると 2 秒後に CLBeacon オブジェクトの proximity プロパティ
が CLProximityUnknown に、さらに 8 秒経つと CLBeacon オブジェクトの配列
にそのビーコンの CLBeacon オブジェクトがなくなります。

レンジングは物理的なビーコンを、パケットのアドレスで判別しています。です
から識別子が同じビーコンが多数あっても、それぞれのビーコンが CLBeacon オ
ブジェクトとして通知されます。

iOS デバイスをビーコンにしていると、たまに 2 つの CLBeacon オブジェクトが
通知されることがあります。 iOS デバイスはプライバシーを考慮して 15 分に 1
回アドレスを変更します。レンジングの期間がこのアドレス切り替えタイミング
をまたぐと、物理的には 1 つの iOS デバイスしかなくてもアドレスからは 2 つ
ビーコンがあるようにみえるためです。

3.4 CoreBluetooth フレームワーク

ビーコンの電波を出すには、iOS アプリケーションに Bluetooth Low Energy の
通信機能を提供する CoreBluetooth フレームワークを使います。

ビーコンの電波送信は次の 2 つのクラスを使います:

- CBPeripheralManager
- CLBeaconRegion

CBPerripheralManager クラスは、Bluetooth Low Energy のペリフェラルという役割を iOS アプリケーションに提供します。ペリフェラルが送信するアドバタイズメント・パケットのデータは CLBeaconRegion クラスが生成しますから、iBeacon のパケット・フォーマットを知らなくても実装できます。

CoreBluetooth フレームワークを "@import" で読み込むと、必要なヘッダファイルの読み込みとフレームワークのリンク設定が自動でなされます。

@import CoreBluetooth;

3.4.1   Bluetooth の電源状態取得とダイアログ表示

CBperipheralManager オブジェクトをインスタンスします。イニシャライザには、CBperipheralManagerDelegate プロトコルを実装したデリゲートとキューそしてオプションの 3 つが指定できます。

ソースコード 3.10 CBperipheralManager のインスタンス

```
CBPeripheralManager *_peripheralManager;

// PeripheralManager オブジェクトを作ります。
// Bluetooth の電源が OFF の場合はダイアログを表示します。
// ダイアログ表示が不要ならば options には nil を渡します。
_peripheralManager = [[CBPeripheralManager alloc]
  initWithDelegate:self
  queue:nil
  options:@{CBPeripheralManagerOptionShowPowerAlertKey : @YES}];
```

キューには Bluetooth Low Energy の通信処理をおこなうディスパッチ・キューを指定します。 nil を指定すれば、ユーザ・インタフェース処理と同じメインキューが使われます。ビーコンの電波を出すだけならば時間のかかる処理はしませんから nil でよいでしょう。

オプションには、Bluetooth の電源設定が OFF の場合に電源を ON にするダイアログを表示するか、が指定できます。 NSDictionary オブジェクトに、キー値

CBPeripheralManagerOptionShowPowerAlertKey、値に NSNumber オブジェクトで Booblean 型で YES を指定します。デフォルト値は NO です。

CBPeripheralManagerDelegate プロトコルで必ず実装するメソッドは、peripheralManagerDidUpdateState: メソッドだけです。これは CBPeripheralManager オブジェクトの state プロパティの変更を通知します。その他のメソッドはオプションです。

@property(readonly) CBPeripheralManagerState state;

CBPeripheralManager オブジェクトの state プロパティは、インスタンス直後は CBPeripheralManagerStateUnknown (= 0) です。この state プロパティはインスタンス後に直ちに Bluetooth Low Energy の動作や電源状態をあらわす値に遷移します。

ソースコード 3.11 CBPeripheralManager のステート値

```
typedef NS_ENUM(NSInteger, CBPeripheralManagerState) {
  CBPeripheralManagerStateUnknown = 0,
  CBPeripheralManagerStateResetting,
  CBPeripheralManagerStateUnsupported,
  CBPeripheralManagerStateUnauthorized,
  CBPeripheralManagerStatePoweredOff,
  CBPeripheralManagerStatePoweredOn,
} NS_ENUM_AVAILABLE(NA, 6_0);
```

3.4.2 ビーコン発信の開始と停止

CBPeripheralManager オブジェクトの startAdvertising: メソッドおよび stopAdvertising メソッドでビーコンの発信 (アドバタイジング) を開始また停止します。アドバタイジングをしていれば、CBPeripheralManager オブジェクトの isAdvertising プロパティが YES になります。

アドバタイジングの開始はデリゲートの peripheralManagerDidStartAdvertising:error: メソッドに通知されます。エラーが発生した場合は nil ではない NSError オブジェクト が渡されます。

CLBeaconRegion オブジェクトの peripheralDataWithMeasuredPower: メソッドはアドバタイズメント・データを生成します。UUID と major および minor の 3 つの識別情報をすべて指定した CLBeaconRegion オブジェクトのメソッドを呼

び出し、得られた NSDictionary オブジェクトそのまま CBPeripheralManager オブジェクトの startAdvertising: に渡します。

peripheralDataWithMeasuredPower: メソッドには、ビーコンから 1m 離れた地点での受信信号強度 (単位は dBm) を 8 ビット符号整数 (-128 から 127) の NSNumber オブジェクトで指定します。 nil を指定するとデフォルト値 -59 [dBm] が設定されます。この引数は iOS デバイスのケースや外装が電波を吸収するなどして、1m 離れた地点での受信信号強度がデフォルト値からずれたときの補正に使います。

ソースコード 3.12 ビーコンの発信開始

```
// 電源が入っているか確認します。
if (_peripheralManager.state == CBPeripheralManagerStatePoweredOn) {
  CLBeaconRegion *region = [[CLBeaconRegion alloc]
                        initWithProximityUUID:[[NSUUID alloc]
                        initWithUUIDString:kBeaconUUID]
                        major:1 minor:1 identifier :@"beacon_name"];
  NSDictionary *advertisementData =
    [region peripheralDataWithMeasuredPower:nil];
  [_peripheralManager startAdvertising:advertisementData];
}
```

CBPeripheralManager オブジェクトの stopAdvertising メソッドを呼び出すとアドバタイジングは停止します。アドバタイズメント・データの更新はアドバタイジングが停止している間でなければできません。ですからビーコン情報を変更する場合は、一旦アドバタイジングを停止してから、新しいアドバタイズメント・データで再度 startAdvertising: メソッドを呼び出します。

3.4.3   iOS デバイスのアドバタイズメントの振る舞い

iOS デバイスがビーコンの電波を発信するのは OS アプリケーションが画面に表示されている状態のときだけです。他のアプリやロック画面表示に切り替わるとアドバタイジングは停止します。アドバタイジング・インターバルは 30 ミリ秒です。

バックグラウンドでも iOS デバイスはアドバタイズメント・パケットを送信しつづけるのですが、このパケットには Flags だけでビーコンの情報が含まれていません。このためフォアグラウンド以外ではビーコンの発信ができなくなります。

3.5 ビーコンとサービス開発

サービス提供者また利用者からは、ビーコンと iOS アプリケーションがお互いに組み合わさった振る舞いが見えます。ビーコンの設置と設定および iOS アプリケーションは分野が異なるので、担当会社が異なる場合もあるでしょう。2 つの要素が組み合わさるように担当者間でビーコンの設定および開発条件を事前に確認しあうことが必要です。

3.5.1 ビーコンとアプリケーションの開発分担

iBeacon の開発はサービス開発です。決定したサービスに基づいて、ビーコンの設定と電波の届く範囲そして iOS アプリケーションの振る舞いを決めてそれぞれの分担の開発をすすめます。この時の役割分担の目安と工夫は:

1. ビーコンで実現できることはビーコンで対応する
2. iOS アプリケーションはビーコンの電波を受信すれば反応するを基本とする
3. 合意した機能の確認のためのアプリケーションを別途提供する

の 3 つが挙げられます。

1 つめに、ビーコンの工夫や調整で実現できることはビーコンで実現します。サービス側が求めるものは、iOS アプリケーションがこの場所で反応してほしい、または反応してほしくはないという、場所によるものがほとんどです。

ビーコンの電波が届く範囲と、その範囲で iOS アプリケーションが出すべき反応に分離しておけば、iOS アプリケーション開発者は机上のテストで開発を閉じることができます。もしもビーコンの電波が届く範囲がサービス内容にそぐわない場合に、アプリケーション側でビーコン領域監視とレンジングを駆使して作りこむと、現地での動作確認までが iOS アプリケーション開発者の担当範囲になります。ビーコンの電波が届く範囲を物理的に調整するほうが対処は楽です。

2 つめに、iOS アプリケーションは、ビーコンの電波を受信すれば反応するものを基本とします。レンジングを活用する場合は物理的な距離値を使わないようにします。アプリケーションの振る舞いは、CLBeacon オブジェクトの proximity プロパティの immediate/near/far の値で定義します。

もしもサービスが求める immediate/near/far の距離範囲と iOS のそれが異なる場合は、ビーコン側でアドバタイズメント・パケットの RSSI 値を本来の 1 メートル離れた地点での受信強度値から意図的にずらすことで、immediate/near と判

定される領域を調整します。例えばビーコンのパケットの RSSI を-6 [dBm] すれば、immediate と判定される領域は 20cm 程度から 40cm 程度と倍に広がります。

3 つめは、ビーコン設置者と iOS アプリケーション開発者で合意した機能を確認するためのアプリケーションを、ユーザ向けのアプリケーションとは別に提供することです。このような iOS アプリケーションは、ビーコン設置時の調整と確認に必要ですし、また運用中にトラブルが発生した時の問題切り分けに役立ちます。

3.5.2　消費電力と運営の工夫

iOS アプリケーションは消費電力を気にします。iBeacon には Bluetooth の電源をオンにすることが不可欠ですが、Bluetooth ヘッドセットなどの昔の体験から、Bluetooth を利用すると電力消費量が増えるという思い込みがユーザにあるかもしれません。

さらにバックグラウンドで領域監視を利用すると、iOS デバイスのステータスバーに常にコンパスのアイコンが表示されます。iBeacon は消費電力が小さいですが、位置情報としてよく使われる GPS は消費電力が大きいですから、それと混同してアプリケーションの消費電力について誤解を招く恐れがあります。

CLBeaconRegion オブジェクトの notifyOnEntry プロパティおよび notifyOnExit プロパティを YES にしてビーコン領域を常時監視していると 1 日に電池消費量が 3%程度増えますが、これを気にするユーザがいるかもしれません。

そのときは notifyEntryStateOnDisplay プロパティのみを YES にしてビーコンを常時監視しないロック画面表示時のビーコン確認のみを使います。あるいは電力をほとんど消費しない荒い地理的領域でビーコン設置地域を検出して、ビーコン領域監視の開始/停止をおこないます。

ロック画面表示時のビーコン確認は、そのサービスを利用するときにユーザが iOS デバイスの画面を確認する利用場面であれば自然に使えます。ですがユーザに画面表示を求めない利用場面では工夫が必要になります。例えば建物内のユーザの移動経路検出であれば、サービス提供者と相談をして建物入口でロック画面を表示すればクーポンが入手できる場面が設定できれば、そのタイミングでビーコン領域監視を開始できます。

3.5.3　問題の切り分けと対処

アプリケーションの振る舞いが予想と異なると最初に気づくのは、たいていアプリケーション開発者です。ですがその振る舞いは、ビーコンの設置位置や電波出

力およびアドバタイジング・インターバルの設定値、電波の伝搬特性、そして iOS の振る舞いが組み合わさったものです。ですから、アプリケーションだけを見て原因を探るのは非常に時間がかかります。

問題が発生した時は、考えるのではなく、リファレンスの状態での動作を確認するか、または測定して現状を数値で把握します。直前のテスト環境に戻り、そこで正常に動作するならば周囲環境に原因があります。設置現場にいるならば、テスト用アプリケーションを準備しておきビーコンからの電波が届く領域や受信信号強度を測定して設計値と照合します。

それでも解決しないトラブルは、アプリケーション開発者だけで考えずビーコンのハードウェア設計者や設置者も交えて議論することも有効です。

3.5.4 パケットのスニッフィング

もしもビーコンのパケットを直接確認したいならば、スニファ(sniffer) というネットワークに流れるパケットをモニタリングする装置とアプリケーションを使います。

Bluetooth4 に対応した Android 4.3 (API Level 18) の端末はアプリケーション次第でスニファになります[11]。

Texus Instruments 社の CC2540 USB Evaluation Module Kit[12]は、無償提供の Windows アプリケーション Packet sniffer[13] と組み合わせて 50 ドルと安価なスニファーになります。この Packet sniffer アプリは Windows アプリですが、Mac の VMWare Fusion5 で仮想化した Windows7 および Windows8 で動きます。

この CC2540 USB Evaluation Module Kit は出荷時にスニファーのファームウェアが書き込まれているので、USB に挿すだけでスニファとして利用できます。このキットは日本の電波法の技術基準適合証明を取得していませんが、スニファーは受信するだけで電波を送信しないので日本国内でも利用できます。

3.6 ビーコンの設置と演出

3.6.1 バックグラウンドでの近接検出

レンジングはフォアグラウンドでだけ実行できますから、ユーザが iOS デバイスの画面を表示し続ける利用場面であればレンジングが利用できます。ですが、

---

[11]Bluetooth Low Energy|Android Developers, http://developer.android.com/guide/topics/connectivity/bluetooth-le.html
[12]http://www.ti.com/tool/cc2540emk-usb
[13]http://www.ti.com/tool/packet-sniffer

バックグラウンドでレンジングが必要な場合は iOS だけでは実現はできません。

この場合、例えば電波の届く範囲の異なるいくつかのビーコンを設置して、near 相当のビーコン領域と immediate 相当のビーコン領域を物理的に作り出すなど工夫します (図 3.4 (a))。

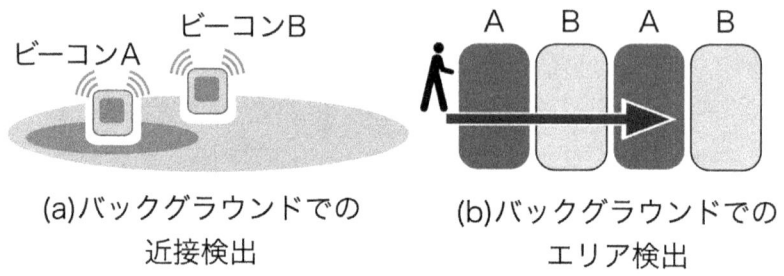

(a)バックグラウンドでの
近接検出

(b)バックグラウンドでの
エリア検出

図 3.4 ビーコンの設置と演出

3.6.2 エリアの検出

また1つの建物を細かい領域に区分したものをバックグラウンドで検出しようとすると、アプリケーションのビーコン領域監視の上限数 20 を超える場合があります。この場合は、あるビーコン領域を検出したタイミングで、領域監視をその周囲にあるビーコン領域に更新すること、およびビーコン領域の割り当ての工夫で対処します。

ビーコン領域の割り当ての工夫を詳しく見てみます。例えばユーザの移動経路記録を取得するには、区分されたエリアごとの入退出の検出が必要です。 iOS のビーコン領域検出は、領域に入ったならば直ちに通知しますが、領域から出たことは電波が受信できなくなってから 20 秒以上経過してから通知します。ですからエリアからの退出検出は隣接するエリアに入ったことで検出します。

ビーコン領域を交互に設置して、ビーコン領域を再利用するとビーコンの監視数を少なくできます。検出したい領域の幅が徒歩1分程度以上あるならば、図 3.4 (b) のように領域 A と領域 B の2つのビーコン領域を隣接して交互に設置します。領域 A から領域 B に入ってから次の領域 A に移動するまでに iOS は領域 A から出たと判定しています。ですから次の領域 A に入ったことがアプリケーションに通知されます。

図 3.4 (b) の領域 A および領域 B には2種類の major 番号を割り当て、UUID と major 番号を指定条件にして領域監視をします。個々の領域の判別には minor

番号を使います。これで、2 領域の監視で全域の移動イベントが取得できます。より小さい領域区分で検出したいならば、領域 A および領域 B それぞれの中に新しく領域 AA および領域 BB を割り当て、これを領域が十分小さくなるまで繰り返します。

3.6.3 滞在時間の検出

iOS のビーコン領域監視はビーコンを検出すれば直ちに反応します。バス停のような日常生活の中にある場所にビーコンを設置していると、バス停の近くを行き過ぎただけで意図せずに iOS アプリケーションが反応します。

これはビーコン領域に一定時間以上滞在したことを反応条件とすれば解決します。しかしビーコン領域監視で iOS がアプリケーションに与える実行時間は約10 秒でタイマーには短すぎます。バックグラウンド・タスクを利用すれば約 5 分程度の実行時間が与えられますが、タイマーのためだけにバックグラウンド・タスクを使うのはためらわれます。Remote Notification を利用して一定時間後にサーバからアプリケーションに通知する方法もありますが、サーバと iOS デバイスのネットワーク接続が必須となります。

このような場面では、一定時間で識別情報が切り替わる特別なビーコンを利用します。一定時間ごとに iOS アプリケーションに領域の enter 通知がくるので、滞在時間のタイマとして利用できます。

第 4 章

iBeacon の今後

iBeacon の利用はこれから始まります。2013 年 9 月の iOS7 の発表以降、オフラインとオンラインの体験を融合する O2O(Online 2 Offline) という単語とともに iBeacon に注目が集まっています。ですが Apple 社ですら米国の Apple ストアやアメリカン・フットボールの競技場および大リーグの球場での実運用を試みはじめた段階です。

iBeacon 自体は目新しい無線通信技術ではありません。ですが iBeacon は、ユーザの iOS デバイスに外部から物理的に働きかけられる強力な手段です。そしてその働きかけは、ユーザが対応アプリケーションをインストールして iBeacon の利用を承認してはじめて機能します。

O2O では統計的な顧客の動きの取得および特定の顧客の検出が必要です。前者はショッピングモールのセールの実績情報やテナントの出店計画に使われますし、後者は購買金額が特に大きい店側にとっての貴重な顧客の検出に使えます。

これらの情報取得手段の 1 つに、街頭のビデオカメラと顔検出技術の利用があります。しかし年齢や性別等の個を特定できない統計的なデータ取得でも、データの取得を知らずにその場を訪れる不特定多数から情報を収集することについては、社会的な合意があるのかが議論になります。個を特定する場合は、店舗と顧客間でプライバシーの取り扱いの合意のうえで顔の特徴量データを店舗に渡すことになります。いずれにしても現在では強い抵抗感を与えます。

iBeacon は、ユーザが iOS デバイスに対応アプリケーションをインストールして iBeacon の利用を承認するので、これらの微妙な問題にぶつからずに、統計的なデータ取得または個の検出に使えるかもしれません。またユーザの iOS デバイスは個人情報を格納するものですから、サーバにユーザのデータを渡さなくても、アプリケーションでユーザに適した演出が提供できます。

このように iBeacon が今後どのように活用されるかは事業者と利用者次第です

が、第 1 章から 3 章までの概要と詳細技術解説をふまえて、iBeacon のより深い
また今後ありうる活用方法をまとめてみます。

4.1 ビーコンの展開

iBeacon は、識別情報を周囲にブロードキャストするビーコンと iOS デバイスを
組み合わせた単純なものです。そのビーコンは、なにかしらのものと紐付いてい
ます。その紐づくものは、特定の場所や美術館の展示物、あるいは支払レジのよ
うに特定の位置ではなく特定の意味のある場所と様々です。

従来やりたかったことが iBeacon でできるようになったという考え方を逆にす
ると、iBeacon でできることの 1 つが従来からやりたいと言われていたことにな
ります。iBeacon は従来からある屋内位置検出技術としても使えます。それは、
固定位置に設置したビーコンの識別情報と設置位置情報をひも付けて実現できま
す。しかし iBeacon の利用はそれに限るものではありません。

ここではビーコンの利用場面をいくつか想定してみます。

4.1.1 ビーコンの利用場面

iBeacon は、例えば店内案内や来店検出とクーポン配布などの、今提案されてい
る単純なわかりやすい利用場面で使われるでしょう。球場での自席までの経路案
内表示は iBeacon の最も複雑な利用方法でしょう。

iBeacon には iOS アプリケーションが必要不可欠ですが、iBeacon のためだけに
iOS アプリケーションを開発するには開発と運営コストがかかりすぎます。自社
ブランドの製品を自社運営のオンライン・ショップおよびオフラインの実店舗を
運用していて、これまでにすでに iOS アプリケーションを利用している会社また
店舗が、最初の iBeacon 活用例を作ると思われます。

また個人規模の飲食店を対象に、回数券や再来店時の割引クーポンを iOS デバイ
スに発行する等の月額サービスも登場します。一般の店舗は iOS デバイスを持っ
ていない客にも対応しなければならないため、それまでの本物の紙の回数券を置
き換えるものとはならず、iOS デバイスを持っている人により便利になるだけで
付加サービスの 1 つでしかありません。月額課金を広く浅く集めるサービスにと
どまります。

4.1.2 提供形態

ビーコンの製造販売の提供形態は:

- ビーコン (モジュール) の製造販売
- ビーコンの管理とアプリケーションのシステム提供
- 自社サービスのためのビーコン

の 3 つが考えられます。

まずビーコンそれ自体の製造販売があります。ビーコンの製造原価は 5 ドル程度で単三電池でも年単位で連続稼働するため、使い捨てにもできるでしょう。ポスターやのぼりといった消耗される販売ツールの部品としてなど、定常的に売れ続けるならばハードウェアそれ自体を利益の源泉にできます。

ビーコンを消耗品とするならば、ビーコン自体を管理するシステムは積極的には提供しないか、そのような管理が必要な永続的に使う方面には別の売り方をすると思われます。ビーコン自体の販売数を上げるために、ビーコン活用のためのアプリケーション開発を容易にするライブラリや開発支援、またクーポンや広告のコンテンツ配信システムは積極的に開発提供するでしょう。

次にビーコンを利用するシステムの販売があります。例えば、ビーコンと連動するクーポンや広告の配信システムを開発ライセンスあるいは月額利用サービスとして販売するなど、ビーコンを販売の切り口としたスマートフォン向けの販売促進あるいはコンテンツ配布システムが利益の源泉になります。

ビーコンはサービス提供の装置なので、1 度設置すればそのまま動き続け使われます。消耗品ではなくまた顧客の目につく場所に設置するため、外装デザインも考慮されます。特定の商品棚でピンポイントに反応させるなど、利用パターンは限定されます。したがってビーコンの機能も、限定したパターンで利用できる範囲で設計されるでしょう。ユーザ自身が臨機応変にコンテンツを変更できるかなど、現場での運用が重視されそうです。

最後に自社サービスのためにビーコンを配布する形態があります。例えば、スマートフォンを使う小口決済サービスやショッピングモールの運営者による利用者の状況把握システムなどが考えられます。ビーコンおよびビーコンを利用するアプリケーションの出来不出来が自社の評判に大きく影響を与えかねません。

汎用部品としてのビーコンは外部調達するかもしれませんが、ユーザ規約や取得するデータの種類を含めて、アプリケーションとその振る舞いを自社ですべてを把握できるように、コストがかかっても自社に開発チームまでかかえるかもしれません。

4.1.3 付加機能

iBeacon の振る舞いを現場で設定したいときは、ビーコンの管理サービスや iOS アプリケーションに専用の調整機能がない限りは、ビーコンの調整で対応するのが直感的でかつ直接的です。

ビーコンの設定機能および付加機能には

- 電波の出力および放射パターンの選択調整機能
- 店舗設備へのビーコン組み込み
- 電波送信時間の設定や一定時間ごとの識別子の自動変更機能

が予想されます。

電波出力および電波の放射パターンの選択と調整により、ビーコンの電波の届く領域を物理的に調整することで iBeacon に反応する領域を設定します。ビーコンの半導体には電波の出力調整機能があるので、電波出力設定機能は容易に実装できます。電波の放射パターンは、無指向性または指向性のあるアンテナを接続するか、無指向性のチップアンテナの周囲にパラボラ形状の反射板を設置して放射パターンを決定します。

また店舗の設備へのビーコン組み込みが進むかもしれません。例えば、ビーコンを内蔵した LED 電球が登場するかもしれません。光のように直進性が高い 2.4GHz の電波照射パターンは LED 電球の照射パターンの設計と統合して設計されるかもしれません。スマートフォンから光量や色調設定ができる LED 電球には Bluetooth Low Energy 技術がつかわれます。ですから、同じ Bluetooth Low Energy 技術を使う iBeacon を実装しても追加コストはかかりません。

また、営業時間の間だけ送信するビーコンや、店舗に一定時間滞在したことで反応させるなどの細かい演出を実現するための機能を実装したビーコンも登場するでしょう。無料 WiFi サービスを提供している場合は、無線 WiFi ルータにビーコンおよびビーコンの信号をモニタリングする機能を統合して、顧客利用情報の収集などに利用できます。

4.1.4　センサー連携

iBeacon は、携帯している iOS デバイスでバックグラウンドの常時モニタリングが非接続でできるので、身の回りにある装置群からの異常通知にも使えます。例えば電化製品や植木鉢の水分センサーなど、常時動作状況をモニタしたいわけではないが、たまに出てくるエラー表示はとらえたい装置は身の回りにたくさんあります。

Bluetooth Low Energy 技術を使い通信接続することで、より詳細なエラー情報の取得や装置の操作もできます。 Bluetooth Low Energy 技術を利用した iBeacon とスマートフォン連携の装置は相性がいいのかもしれません。

4.2 iBeacon とモバイル

iBeacon はユーザの iOS デバイスにオフラインで外部から刺激を送れる初めての仕組みです。オフラインに設置されるビーコンと iOS の今後の関係を考えてみます。

4.2.1 ユーザのコンテキストとビーコン

iBeacon の仕組みを使うと、ユーザが iOS デバイスの画面を表示するだけで、その場で使えるアプリケーションやパスがロック画面に表示されます。ユーザはアプリケーションやパスを自分で探すことはなく、極端な場合はアプリケーションをインストールしたことすら忘れてもよいのです。

このようにユーザが過去にアプリケーションを 1 回でも起動したり Passbook にパスをダウンロードして、その利用を承認していれば外部からユーザの iOS デバイスに作用できるのは、オフライン環境でのモバイル機器の利用場面の大きな変化になります。

また iOS7 には iBeacon の他にも、新しく Remote Notification が導入されました。 iOS6 までのバックグラウンド・モードは VoIP や音楽再生など用途が限定されていましたが、Remote Notification は用途限定がなく、さらに処理していることをユーザに何も表示しなくてもよい、汎用に使える仕組みです。

ユーザの iOS アプリケーションに、外部からネットワークを経由して作用するものが Remote Notification、オフラインでビーコンを経由するものが iBeacon になります。

iBeacon と Remote Notification を、場合によっては組み合わせて活用することで、ユーザが利用を許可した iOS アプリケーション群がインストールされたデバイスを持ち歩いているだけで必要な処理がおこなわれユーザはそれを意識する必要もなくなるかもしれません。

4.2.2 ショッピングとビーコン

オフラインでのショッピングで、iBeacon はリアルな商品とユーザを紐付ける手段になります。 iBeacon に反応するユーザは、アプリケーションを 1 回は起動して利用規約に合意した状態にあります。

ショッピングでの iBeacon は、個々人にパーソナライズした無人でのサービス提供に適しています。そして実店舗での運用がビーコンという物理的なものがあるので理解しやすく容易です。

パーソナライズはそのユーザの個人情報の活用です。例えば靴下売り場で商品を選ぶとき、足のサイズなどで選択しますが足首のゴムひものきつさがユーザの好みに合うかまでは商品表示からは分かりません。事前にユーザのサイズ情報を詳細に登録しておけば、そのユーザに一致する商品の提示もできます。

このようなサービスは店員による接客ならば提供ができますし、個人データの活用も対面しているならば会員カードなどの従来手段と業務端末があれば実現できます。 iBeacon の活用は無人対応、またはむしろユーザ自身が情報を求める場面への対応にありそうです。

4.2.3　デジタル・サイネージとビーコン

駅などの公共施設また百貨店やショッピングモールには、広告や経路案内のためのデジタル・サイネージ (Digital Signage、電子看板) が設置されています。

iPhone があれば必要ないと思われがちなデジタル・サイネージですが、iPhone をビーコンにしてデジタル・サイネージがその個人の閲覧記録などを取得できると、個人に適した内容を大画面や高速ネットワークを活かして提示できます。

また公共施設が貸し出す iOS デバイスは、iPad もしくは iPod touch になります。これは契約と費用のため月額回線維持が必要な iPhone が扱いにくいためです。日本では使い捨てできる通信 SIM カードの入手が容易ではないので、海外旅行者が多い地域では iPhone であってもネットワークに接続できるとは限りません。

このような場面でも、無償 WiFi が整備された施設内部であれば問題はありません。しかし屋外ではたいてい WiFi は届きません。このようなネットワーク接続が必ずしもない場面では、iBeacon はデジタル・サイネージと iOS デバイスを関連付ける手段として有効です。

4.2.4　広告表示とビーコン

目の前にあるお店に関連した広告が表示されるなど、ユーザのオフラインでの状況や行動履歴を元にした広告表示にビーコンは利用されます。まず広告配信の開発キットが提供されるでしょう。 Apple 社がモバイルサファリにビーコンの API を提供すればウェブ・アプリケーションからの利用が一気に広まります。

ビーコンは、GPS や WiFi を使う地理的な位置情報を利用する場合と異なり、電波のオン/オフや識別情報の設定機能を使うと、とても柔軟な運用ができます。

例えば、キャンペーンで数量限定の商品を提供しているとします。対象商品があればビーコンの電波送信をオンに売り切れればオフにすれば、商品があることをユーザに確実に伝えることもできます。ビーコンを通してオフラインの状況を反映した運用ができます。

4.2.5 ソーシャルメディアとビーコン

センサー連携するビーコンと同じく、ビーコンがブロードキャスティングする識別子情報を iOS デバイスが常時バックグラウンドでモニタリングができる特徴をソーシャルメディアと組み合わせるとビーコンの検出網となります。

例えば、車や自転車にビーコンを設置しておきます。盗難時にはその識別子情報をソーシャルメディアを通して多くの iOS ユーザと共有します。 iOS デバイスが盗難物の識別子情報を検出した時の位置情報を盗難にあった者に伝えるなどします。

実際に展開するには問題が多すぎますが、活用方法としては興味をひかれます。

おわりに

iOS は個人と法人の区別のないアプリケーション市場を作り出し、その革新的な
ユーザ・インタフェースと魅力あるハードウェアとで、今のモバイルの世界を作
り上げました。しかし一般ユーザからみれば、音楽やアプリケーションのコン
テンツ購入やチケットや移動経路の検索など、日本国内に限れば 2007 年以前の
フィーチャーフォン全盛期のモバイル体験と、その本質は違わないのかもしれま
せん。

2013 年 9 月に発表された iOS7 は、目に見てわかる新しいユーザインタフェース
になり、iPhone5s はハードウェアとして比類なき完成度に達しました。しかし
筆者にはこれが新しい体験だとは思えません。正直なところ、本質が変わらない
ものが性能だけ 2 倍になって出てきたなと、飽きていました。

ですが、iOS7 で導入された iBeacon は、外部からユーザの iOS デバイスのアプリ
ケーションに働きかけができる、フィーチャーフォンの時代にはなかった体験を
作り出す強力な道具です。7 年を経過してはじめて世界は、日本にあったフィー
チャーフォンの世界を超える時代に入ったのかもしれません。

それが iOS7 のキーノートで取り上げられもしなかった iBeacon がこれほど大き
く注目される理由なのかもしれません。

2013 年の 10 月頃からネットニュースで iBeacon の話題が頻繁に登場してきて
います。海外そして日本のいくつかの会社が、モジュールの開発販売やフレーム
ワークあるいはサービスを発表しており、その勢いを肌で感じます。

新領域に果敢に挑戦される方々に、このハンドブックが役立てばと思います。

索 引

www.ingramcontent.com/pod-product-compliance
Lightning Source LLC
Chambersburg PA
CBHW051815170526

45167CB00005B/2030